室内设计手绘表现技法

主　编　李远林　黄胤程　张　峻
副主编　吴志强　杨轩宇

合肥工業大學出版社

前言

对于手绘的认知，目前行业存在两种不同定势。这主要从对于手绘认知的不同理解和与其表达内容的不同方向加以区分。其一，即手绘形式呈现为一种以表现对象为绘画类性质目标的技艺手段，并且此类手绘对于其目标形体、色彩等一系列表现手段，均有其另类标准要求。这类手绘表现目的基本与设计无关，既脱离了设计本身，也脱离了行业市场。然而市场快节奏发展和高效率需求，急切呼唤与之相匹配的快速设计表现。故此类手绘根本无法满足当前快捷、迅变的设计思维表达。其二，则是我们通常所说的设计手绘，既为设计表现而专门实施的一种手绘表达方式，也为实现设计目标而沿用的一种专门呈现手段，抑或为一种快速设计表达途径。另外，随着社会科技的不断进步，电脑用于设计辅助表现，也越来越凸显出其多元优势。关于这个方面，相信大家有目共睹，而且至目前为止，电脑表现早已适应了市场发展需求，并且可完全满足客户对于直观表现的要求。然而对于设计思维的快速捕捉表达，以及对于设计师灵感瞬间的记录，抑或创意思维的发散升级等，这方面却是电脑无法企及或取而代之的，尤其对于设计手绘中手与脑的配合以及互动便捷等方面，设计手绘表现均将大大提升设计创意者的快速思维转化水平。

对于初学者，究竟如何才能掌握好正确的方法，以提高未来的设计手绘能力。这就要求学习者首先树立好正确的手绘思维观念，正确认知手绘与设计的关系。手绘是设计思维非常重要的表达方式，是一种不可或缺的设计表现手段，是一种为实现设计目标而专门使用的重要呈现形式。有了正确的手绘思维观念，才会懂得如何区分有关的手绘艺术门类，掌握正确而适用的手绘艺术，从学习手绘至最终运用手绘而进行有关设计任务的表达。真正认知了设计手绘，才不会盲目地将设计手绘看得太过神秘而难以逾越，更不会因此而导致将手绘技法看成是一门单纯的艺术表现形式。当然，那些为了手绘而手绘，抑或试图用电脑辅助表现完全取代设计手绘的做法，亦均为不切合实际之想法。

总之，我们要树立正确的设计手绘观念，同时明确手绘为设计服务的宗旨。如何快速捕捉设计思维，直接记录设计灵感，如何正确而精彩地表达创意设计构思，这些都是设计手绘之核心内容环节。本教材以室内设计手绘基础训练为目的，将马克笔手绘训练技法详尽编载，思路清晰，目标明确，循序渐进，环环相扣，并结合湖南省高等职业院校学生技能抽查题库范例标准，将手绘训练引入案例实践。如此，笔者坚信，若明确了设计手绘之正确观念与严谨的学习态度方法，假以时日不断地努力磨炼自己，相信对于手绘技法的掌握与最终得心应手的表现必将唾手可待。

本教材由湖南科技职业学院艺术设计学院李远林教授统筹策划并主持编写，由湖南科技职业学院黄胤程、张峻两位年轻教师负责统稿、编写及校对。在编写过程中，我们得到了多方面的学术支持，尤其是大量精彩手稿的提供，以及同事吴志强、好友杨轩宇等老师的参与协助。同时，还要感谢来自湖南科技职业学院、艺术设计学院的各级领导的关心支持，以及合作方即合肥工业大学出版社的各位领导、编辑们的支持帮助。在此表示衷心感谢！

因编写时间仓促，以及规划教材定位诸多因素的困扰，故书中难免存在不足。谨此，还望业界同仁批评指正。

李远林

2018年10月18日

目录

1

2

3

4

5

1

第一章　室内设计手绘表现概述

第一节 室内设计手绘简介

“手绘”不仅是设计师创作时思考、推敲、表达的重要方式，更是设计师与甲方之间、设计师与设计师之间、设计师与施工方之间快速交流、讨论、推敲设计思路、修改设计方案、表现设计方案、传达施工意图的重要手段。手绘在成为“创造力展示窗口”的同时，也完美地体现了设计的价值。因此，手绘是思想与图像之间相互激发而产生的结果。

在设计创意时，设计师不但要迅速地构思出大量的设计草案，更要在发散思维的同时，将稍纵即逝的灵感精准地记录下来。这时，选择“手绘”这种方式，无疑是最快、最高效的。

室内设计手绘效果图，是指利用相应的工具，通过徒手绘制，将设计师自己的设计思维及创意由抽象向具象演变、推敲，由模糊向清晰实现转化过程的一种真实可信的图形。(图1-1)

图1-1

第二节　树立对手绘的正确态度

随着科技的进步，电脑效果图已经越来越普及，已成为设计表现的主流手段。但是为什么很多大型公司、设计院及高校专升本、研究生入学考试都要通过手绘来筛选人才呢？我们到底该如何对待手绘？

手绘是室内设计学习的需要：

手绘是室内设计专业的一门基础课程，是学生从基础绘画课程向专业设计课程过渡的一门必修课程，在后续专业课中发挥着重要的作用。

手绘是技能抽查岗位核心能力的考核方式，是教育厅要求学生必须掌握的基本技能之一。在2018年修订的技能抽查考核标准中将手绘模块规定为必考模块，所以手绘对于职业院校学生的重要程度大大增加。

所有高校的专升本考试、研究生考试均考快题设计，所以掌握更高水平的手绘能力是我们提高学历的必备条件。

手绘是从事室内设计工作的需要：

越好的公司越重视手绘，越高端的甲方越重视手绘，越高级的设计师越重视手绘。目前很多大型设计公司已经把手绘考核作为入职必备课程。入职后，手绘也是设计师构思方案的重要技能，是征服甲方的有力武器，是和施工方沟通的说明书。

因此，我们必须认识到手绘在我们学习、工作中的重要作用，树立对手绘的正确态度。

第三节 手绘的常用工具

一、笔类

铅笔：铅笔是最常用的手绘工具之一，分为木质铅笔和自动铅笔。在手绘过程中，我们一般利用铅笔可修改的属性进行草稿或草图的绘制。推荐使用2B或以上铅芯的自动铅笔。

针管笔：针管笔出水均匀，画出的线条流畅，是最常用的勾线笔之一。针管笔根据笔芯粗细可以分成0.05~1.2mm多个型号，数字越小代表画出的线条越细。推荐使用三菱或施德楼牌0.1~0.3mm笔头的针管笔。

会议笔：会议笔因其属性和针管笔类似且价格低廉，受到广大初学者的喜爱。但其笔头较粗（一般为0.5mm），不适宜进行精细的刻画，所以只适合初学者练手或者画一些对细节要求不高的作品。推荐使用晨光牌会议笔。

草图笔：草图笔的特点是可以利用其独特的笔头根据画面的需要画出不同粗细的线条，因而常被用来进行草图的绘制。推荐使用日本Pentel牌草图笔。

钢笔：钢笔的主要作用也是勾勒线条，但是由于其出水和笔头的特点，可能经常会出现出水过多或者断墨等情况，因此在手绘中的应用体验远差于会议笔及针管笔。但是在画建筑草图等需要很硬朗的线条时，钢笔还是具有独特效果的。

马克笔：马克笔是主流手绘最常用的上色工具。其特点是色彩明快、操作简单易学、携带方便等。马克笔的品牌较多，不同的品牌有不同的色号，初学者推荐使用Touch牌或斯塔牌。在对马克笔的笔头有一定掌控能力后可以使用千彩乐或者AD牌。

彩色铅笔：彩色铅笔是主流手绘的辅助上色工具，一些小众的手绘也将彩色铅笔作为主要的上色工具。彩色铅笔主要用于色彩的过渡和弥补马克笔颜色不足，也可以用在需要添加环境色的地方来丰富画面的色彩关系。彩色铅笔分为水溶性和油性两种，初学者推荐使用马可牌油性72色彩铅。

二、纸类

手绘常用的纸张主要是打印纸和绘图纸。打印纸的质地适合铅笔和绘图笔等大多数画具，价格又比较便宜，最适合在练习阶段使用。其常用的规格主要是A4和A3，选择打印纸时为了便于后期马克笔上色，建议选用80g的。绘图纸质地较厚、表面比较光滑平整，适宜进行马克笔及彩铅等形式的表现，但价格较打印纸稍贵，适宜进行要求较高的作画。

三、其他相关工具

尺类：手绘中常用的尺类主要有三角板和平行尺。平行尺较三角板的优势在于可以轻易画出平行线，是手绘中应用最广泛的尺。

修正液和高光笔：修正液和高光笔主要用于刻画物体的高光和转折关系或一些特殊材质，可以使画面具有更加强烈的表现力。推荐使用三菱牌修正液和樱花牌高光笔。

橡皮擦：橡皮擦主要用于擦除前期的铅笔稿。由于我们铅笔选用的是较软的铅芯，所以推荐使用红蜻蜓牌美术橡皮擦。

2

第二章　室内设计手绘表现基础

第一节 室内设计手绘线稿基础

一、室内设计手绘效果图线条练习

线条在室内设计手绘效果图中担任着承上启下的作用，是手绘线稿表达的基础元素之一。看似简单枯燥的线条练习，在效果图表现中居于重要的位置。从线条的分类来看：有慢线、快线、定点穿线、抖动线、弧线、曲线等。不同类别的线条在效果图绘制中表现着不同形态与材质的物体，同时也提供了丰富的表达方法与组合形式。

对于外行人来说，画出一根线条是一个看似简单的事情，但是在设计从业者的眼中，画出一根合格的线条则并非易事。由于每一根线条在图画中所表达的内容与效果不同，需要把握线条的长度、粗细、虚实、浓淡、平行、刚劲、节奏、弧度等微妙的变化，通过这些变化表达出不同材质、不同质感、不同重量的物体，从而形成物体的体积感、空间感、肌理的表达，使效果图表达得更加充分具体，形成美感。初学者想要把线条这一关熟练地掌控，则需要掌握练习方法与目标，同时加上大量的精力，从不断地练习中体会、思考、总结直到掌握。（图2-1）

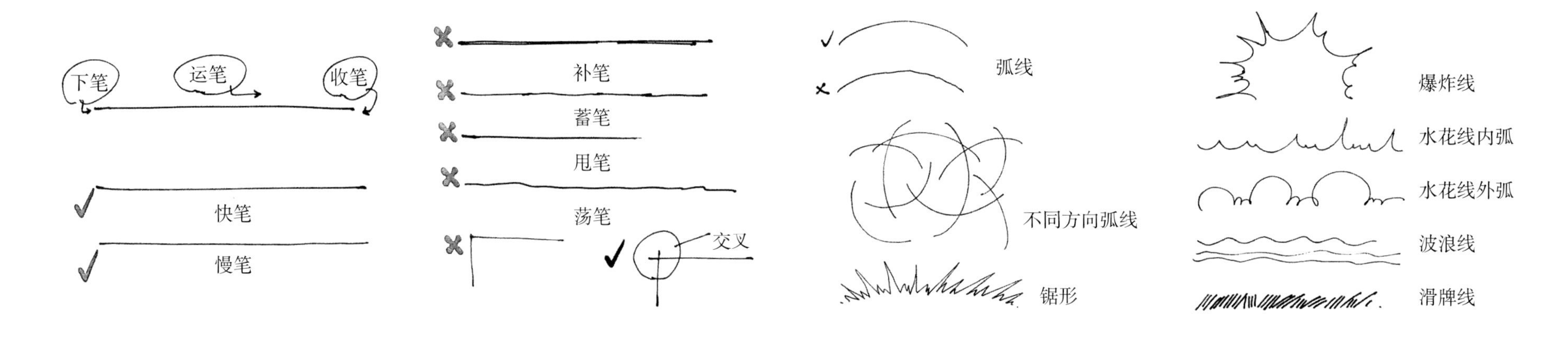

图 2-1

二、线条练习方法

（一）正确地掌握笔和力量（表 2-1）

表 2-1

方　法	轴心点	效　果
手腕固定前臂慢速移动	肘关节	抖动直线
手腕固定前臂快速移动	肘关节配合肩关节	快速直线
预定两点手腕固定前臂快速移动	肘关节配合肩关节	定点穿线
手腕转动前臂固定	肘关节配合腰部	弧　线

（二）线条表现技巧

（1）画线时要有起笔动作、运笔感受、停顿收笔三个基础环节，根据不同的线条质感决定下笔的速度与肯定度。下笔时要往相反方向做起笔动作，下笔时要肯定；运笔时轻盈、轻松；收笔时进行停顿或者回笔，千万不能忘记收笔这个环节，将线条尾部甩出一笔，则会显得线条毫无章法。只有完成画线三部曲，画出的线条才会具有两头重中间轻的线条效果。（图2-2）

（2）线条需要连贯与肯定。第一，画线不能停顿，停顿然后再接着画则效果较差。第二，成熟的线条给人的感觉是非常肯定与果断的，切忌画线时扭捏、犹豫、迟疑、反复重填。

（3）绘制较长的线条时，遇到过长而不得不停顿再画的情况下，不要在线条停顿处接着绘制，应该隔开一小段距离，继续绘制该线条。

（4）排列线条时，应注意线条的排列方法与密度。线条排列方法一般以平行排列为主，其次就是往消失点方向进行排列。排线密度则需要根据绘制的效果进行考量，例如排列物体纹理与排列物体阴影时，孰稀孰密需要根据效果而定。

（5）当线条出现交叉时，应该注意两条线交叉的方法。线与线交叉时需要在线条两端较重位置的内侧相交，切忌交叉时线条断开、留白。此标准绘制出的线条更具建筑室内设计绘图的质感。

（6）绘制各类物体时需要注意物体自身的特征，例如：软硬度、光滑度等，从而配合适宜的线条质感进行效果表达。

三、线条训练

（一）抖线

抖线也称抖动线，是手绘表现中较为常见的线条绘制手法，大部分较长的线条多数会选择用抖线来表达。对于初学者而言，首先练习抖线较为容易掌握，只要把握好画抖线的方法，抖动均匀而不产生规律，下笔干脆而不犹豫，则能练好抖动线条。由于抖线易于掌控且表达效果轻松流畅，因此运用面极为广泛，在建筑速写、风景速写中运用得尤为多见。练习者可以画10条6厘米的线条为一组，画10组为一次练习，当每组线条中画出8条相对直的抖动线说明已初现成果。再逐渐加深难度，增加线条的长度，多方向进行练习等，最终能从各个角度画出稳定、轻松、漂亮的抖动线。（图2-3）

（二）快线

快线是在室内手绘效果图中最常用的线条，一般表现室内空间中以直线为主或者比较硬朗的物体，在室内空间中占决定性地位。例如：家具、墙体等。练习者在掌握快线时需要注意下笔方法与速度，快线首先需要起笔动作，加上流畅、轻快的运笔，最后再停顿收尾，整个动作一气呵成。画出的快线表现出笔直并且两头重中间轻的效果，让人们有肯定、刚健、利落的既视感。快线练习也可以采用10条一组的方式，练习时注意以纸张边线为参考，每画完一条快线思考一次是否画直，以及绘画方式是否正确。练习具有成效之后则可以加深难度，采用玫瑰图练习

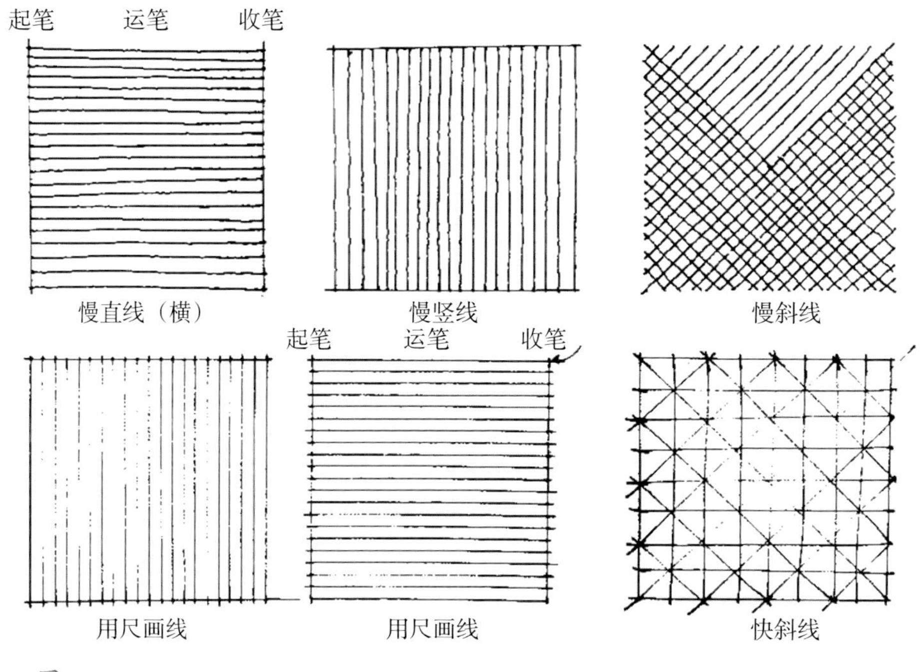

图2-2

图2-3

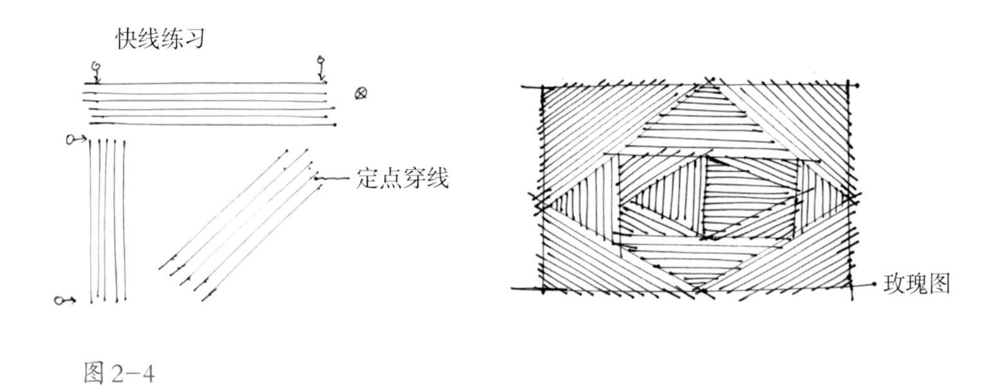

图 2-4

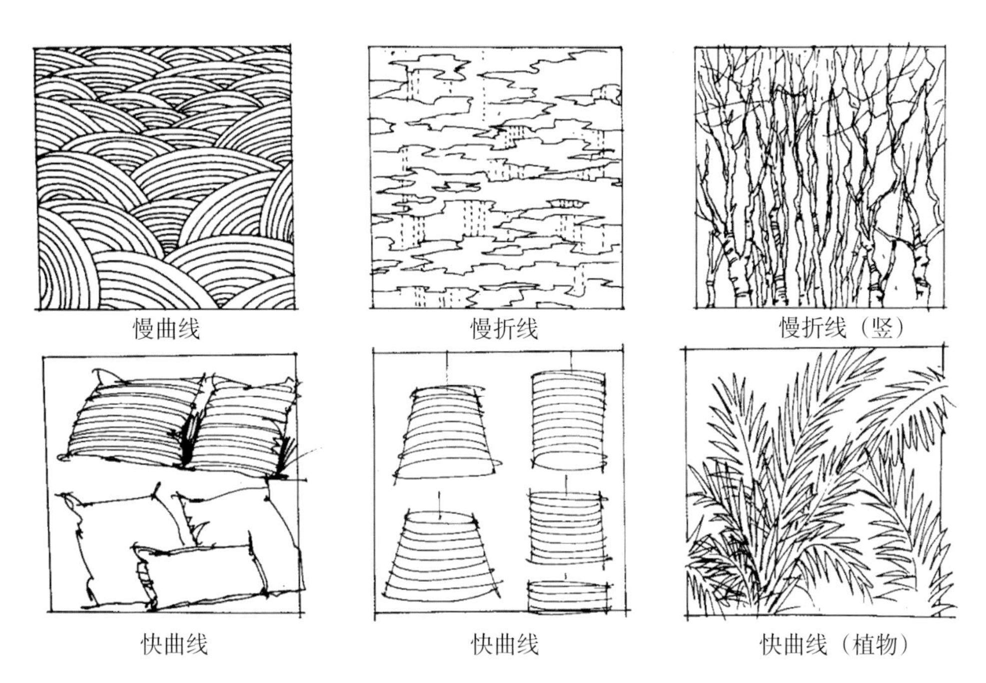

图 2-5

方法从多角度进行组合练习，提升多角度的快线表达效果。(图2-4)

（三）弧线

弧线是在室内手绘中用于表达较为柔软的物体时使用的，弧线给人流畅且独具美感的审美体验。弧线在室内设计手绘中，多数表达一些空间异形装饰品、圆球体、半圆体等，在室内空间中占辅助性地位。在一幅成功的手绘作品中，弧线的绘制效果直接影响着画面的细节效果。将弧线画好，需要结合手腕、手臂、腰部的力量进行协调，线条效果切记流畅、连贯、适中，这样的弧线让人看上去才会觉得“老练”。(图2-5)

（四）肌理

线条不仅可以表达物体的外部轮廓，同时也可以表达物体对象的属性特征。根据物体的固有材质不同可以用线条表现出物体的特质，例如：木材、石材、织物、玻璃等。每个不同材质的物体都有不同线条的表达方法。物体表面的质感也可以通过线条的排列进行有意识的区分，例如：粗糙、光滑、坚硬、柔软等。深色的物体肌理可以将线条排列得略微密集进行表达，而浅色的物体则反之；坚硬的物体可以使用刚劲的直线来表达，而柔软的物体则可以通过圆滑的弧线进行表达。因此，线条的类型选择与组合方式形成了物体材质肌理表达的基本元素。进行肌理表达时一定要把控好画面的整体效果，让线条的排列组合以点、线、面的方式进行组合。注重画面整体效果，才是室内手绘表达的关键所在。(图2-6)

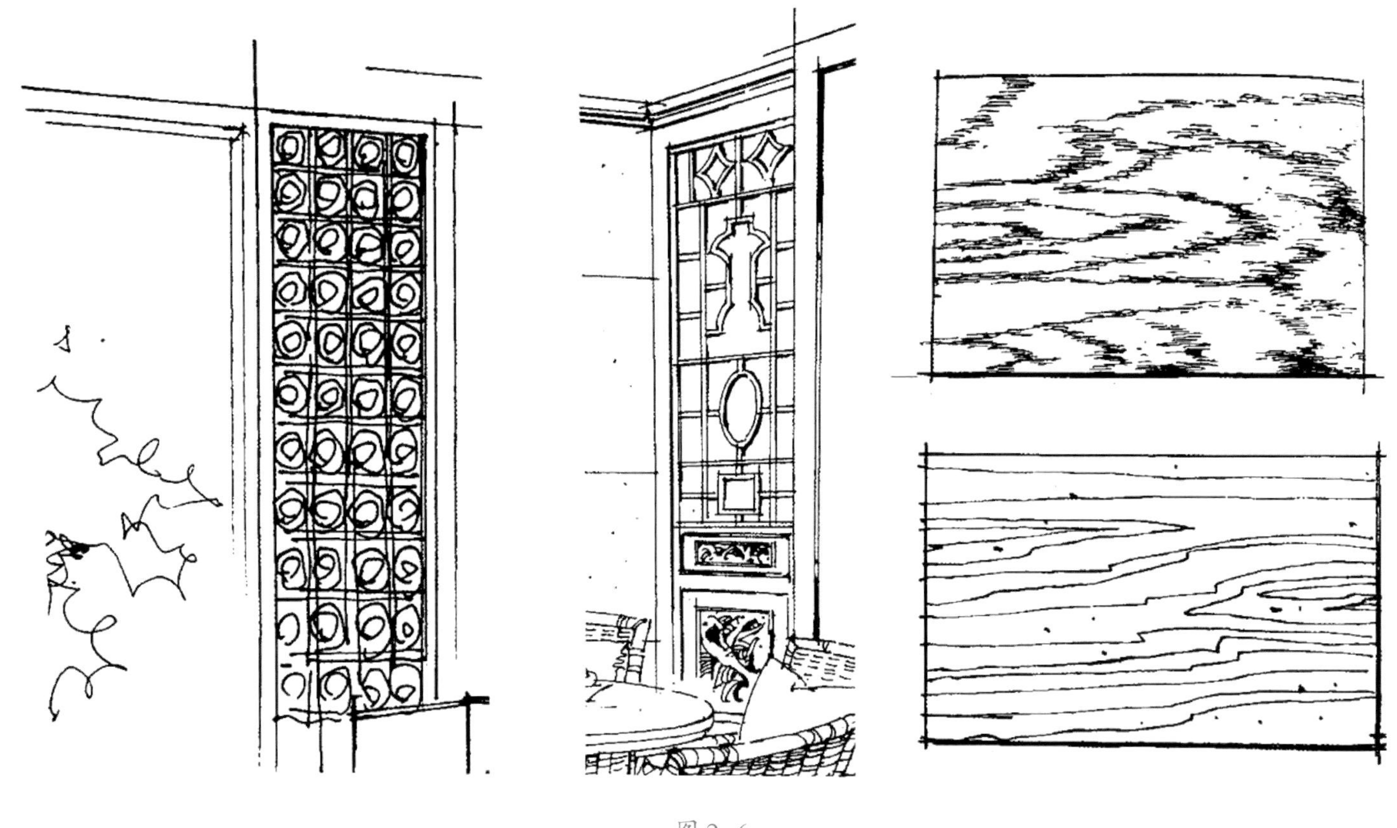

图 2-6

四、阴影排线方法

（1）阴影排线方式对于初学者来言非常重要。以下从两个方面给大家进行演示：

① 阴影线条的方向选择；② 阴影线条的密度选择。（图2-7、图2-8）

（2）阴影排线要点。

① 阴影排线的线条需要“顶前守后”，每一条线条都不含糊，不能长长短短，需要整齐、均匀、细腻、精确。② 阴影排线需要注意阴影与物体间的层次关系、固有色的关系。到底是物体颜色深，还是阴影颜色深，直接影响着阴影的画法与排线方式。

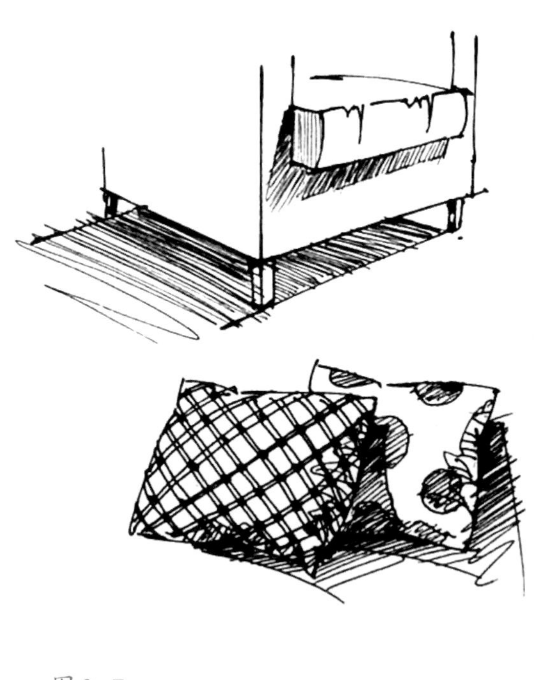

图 2-7

图 2-8

第二节　室内常用陈设与组合家具表现方法

一、室内陈设与家电线稿表现方法

在室内设计效果图表现中，家电、洁具、织物、植物等陈设的表达是线稿练习的重要基础组成部分。首先，陈设表达相对较为简单，综合多种线条的组合方式进行表达；其次，陈设同时作为室内空间的重要组成部分，在效果图表达中占有重要地位。在室内陈设品表达中，重点在于抓住物体的造型和本质特点，把握住物体的结构与组成方式，结合透视原理、注重体积感，则能将陈设进行良好的表达。最好是做到能够将临摹的陈设默写出来，适用于后面的整体空间。通过慢慢的练习，同学们将会发现手绘风格在慢慢地形成，此时只需要注重基本功的练习及方法的正确使用，自我的风格则自然而然地会形成。

（一）室内陈设品分类

我们把陈设品分为实用性陈设与装饰性陈设两种类别，其中实用性陈设包括：

(1) 家具：茶几、沙发、餐桌、酒柜、书架、衣柜、梳妆台、床等。

(2) 电器：灯具、电视、电脑、冰箱、音响、空调、洗衣机等。

(3) 洁具：浴缸、盥洗池、淋浴隔断、洗漱台等。

装饰性陈设包括：

(1) 艺术品：挂画、陶瓷、屏风、玻璃器等。

(2) 工艺品：摆设品、根雕、手工编织品等。

(3) 观赏品：盆景、植物、鱼鸟、花卉等。

（二）布艺表现方法

布艺包括室内家具空间中的织物、抱枕、床单、桌布等物品，在室内设计中属于软装饰范畴。布艺通过鲜艳的色彩、柔软的质感与亲和力使之成为室内空间中不可或缺的一部分。拿绘制抱枕来举例，首先我们需要把握住抱枕的空间透视关系，用流畅、轻松的线条表达出来，但又不能失去抱枕的体积感，画线时应该注意整体效果、刚柔并济，同时整理清楚物体间的阴影关系与阴影密度。

除了外形，我们还需注重布艺品纹理的表现。与肌理表达一样，每一种不同的纹理，也都有相对应的线条组合与表达方式。绘制时首先根据空间的整体光影关系，确定布艺品的光源，像画素描一样理清受光面与背光面，并且控制好布艺品的透视、阴影、软硬、厚度、曲折等关系。(图2-9)

图 2-9

（三）花卉与植物的表达

花卉与植物在室内空间中大部分表现为辅助与点缀，但却常常具有点睛之笔的效果。花卉与植物通过灵动的线条配合上清新的绿色，使空间更具活力与光彩。在绘制室内空间中的植物时，一般分为三种类型：近景植物、中景植物、远景植物。它们根据不同的构图、不同的画面要求进行有序的组合与设计。（图2-10至图2-13）

图2-10

（1）近景植物，一般用作画面的边缘，通常用来压脚、收边，使画面更具统一性或者使画面效果平衡。此时的植物需要绘制得较为细致，但同时也需要注意其与空间主题间的层次关系。（图2-11）

（2）中景植物，一般出现在空间中间位置不远不近处。例如，茶几上的一份绿植、花卉。绘制时需要注意其与花盆、家具的位置以及前后、光影关系。（图2-12）

（3）远景植物，一般表现为室内空间窗户外面的树木。表现时，需要注意其与窗帘、天空之间的关系。不可过分强调，从线稿上、色彩上都要让其虚化，拉开空间层次。（图2-13）

图2-11

图2-12

图2-13

(四) 灯具表现方法

在室内空间中，灯具形态多变、造型复杂，并且具有光照性，所以表达起来需要认真、细致。灯具的透视关系尤为重要，在绘制灯具时，首先需要注意灯具的对称性原则，根据美学原理，灯具造型都会注重对称的美观性；其次是灯具的透视性，由于我们绘制的灯具都是处于室内空间中，因此绘画时需要注意灯具造型与空间透视的关系，根据空间的消失点，把握灯具整体的造型美感，这是手绘效果图表达的重要基本功。(图2-14、图2-15)

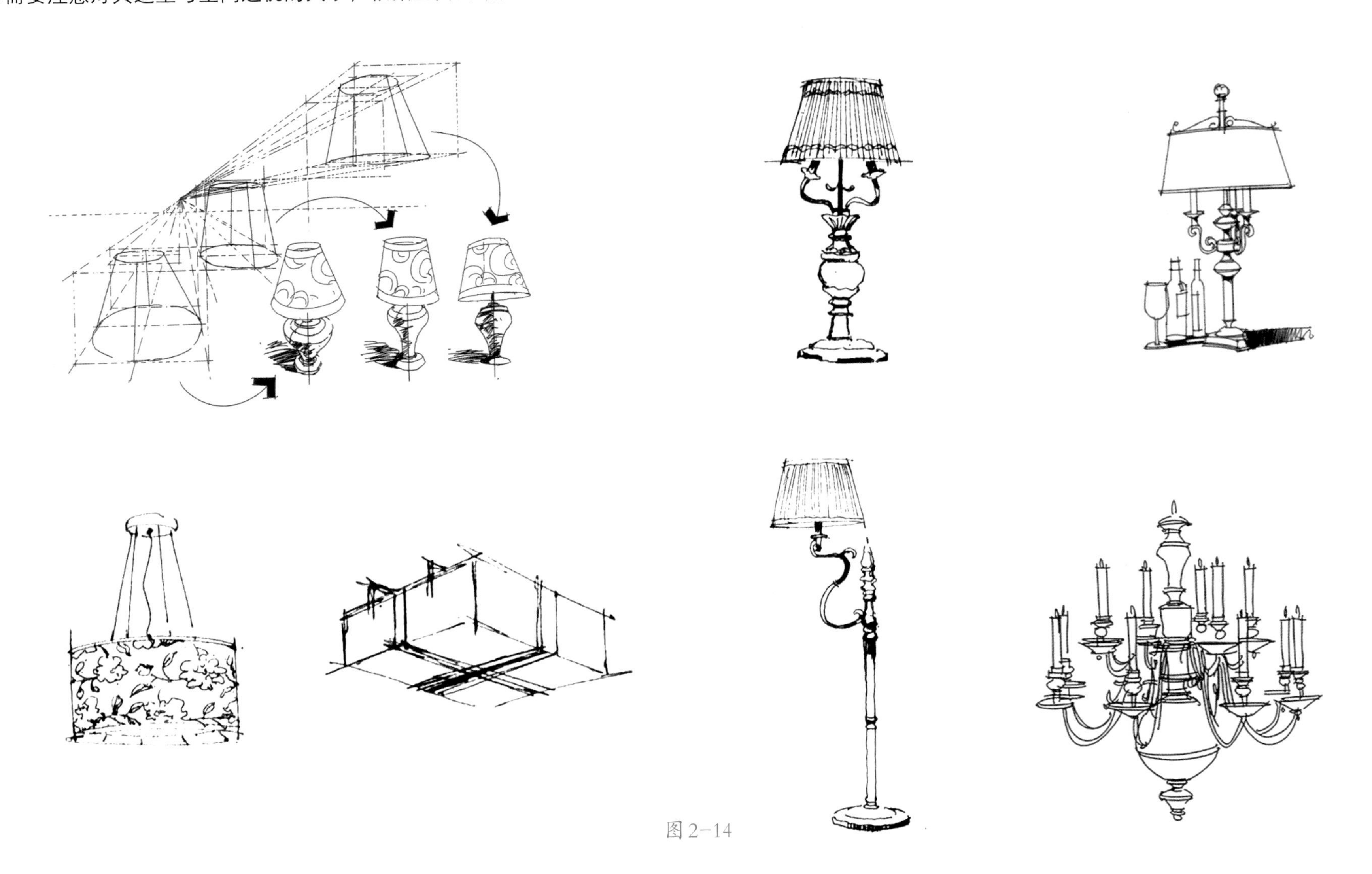

图 2-14

图 2-15　作者：卓越手绘

（五）材质表现方法

在室内设计效果表达中，材质表现有着重要地位。设计师通过对材质的了解与描述，在设计时对材质的灵活运用，可直接影响设计的最终效果，在绘制手绘效果图时也是相同的道理。所以我们需要了解材质的特性，熟练掌握各种材质的线条表达方式，通过材质的造型、结构、组成方式，使用线条的疏密关系、转折关系、排列方式对其进行表达。下面列举几种空间常用材质进行表达。

（1）木材：在装饰材料中，木材运用广泛，包括原木、多层实木、复合木材等。由于木材具有易于加工、变形等特点，常被加工成各种型材。木材源于自然，还具有“生命力”等特点，受到广大消费者的热爱。例如运用在空间中的门、隔断、装饰面板、地板等。（图2-16）

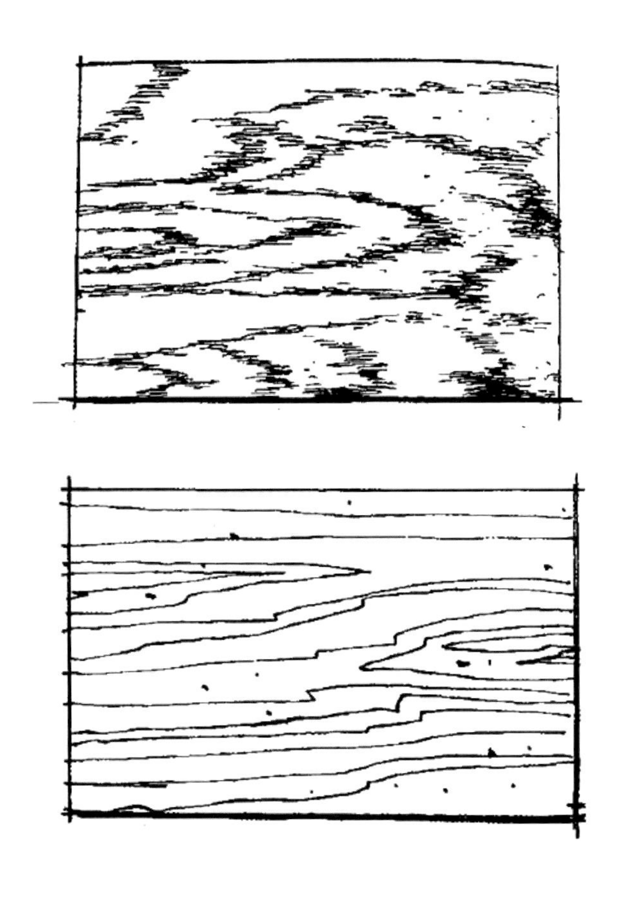

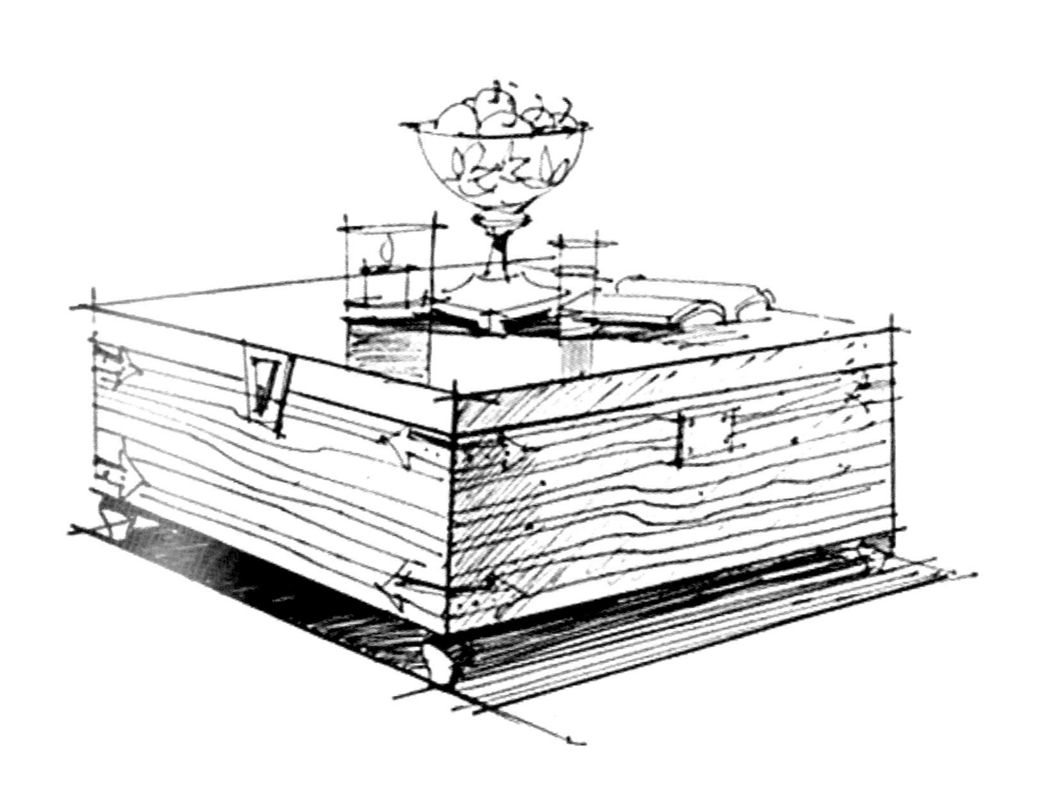

图 2-16

（2）石材：石材在室内空间中运用广泛，由于其经久耐用的特点广受人们喜爱。石材分为光滑石材与粗糙石材，表面的光泽度不同给人营造的质感也就不同。市面上出现的石材颜色、品种、加工方法众多，所以形成了各种各样的石材装饰形式。(图2-17)

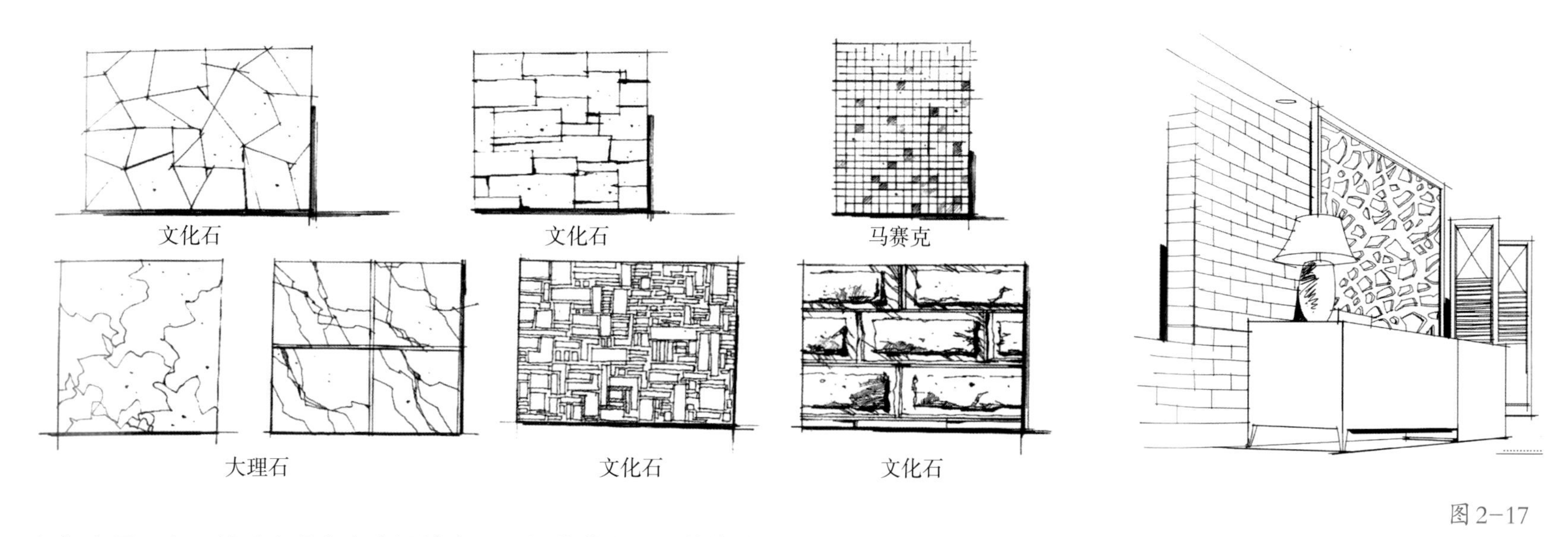

图 2-17

（3）金属：金属材质在现代室内设计中运用得非常广泛，其优越的反射效果与光泽效果，备受设计师推崇。金属使得空间效果反射更强烈、多变、奢华，因此绘制时需要注意金属的本质特征与其在空间中的反射效果。

（4）玻璃：透明与半透明的玻璃在室内设计中起着不可替代的作用，玻璃不仅要透明还要具有一定反射效果。在室内空间中，玻璃用作隔断、装饰品非常多见。在现代设计中，建筑外墙也常用玻璃幕墙来表现，可以极大地增强空间的采光效果。(图2-18)

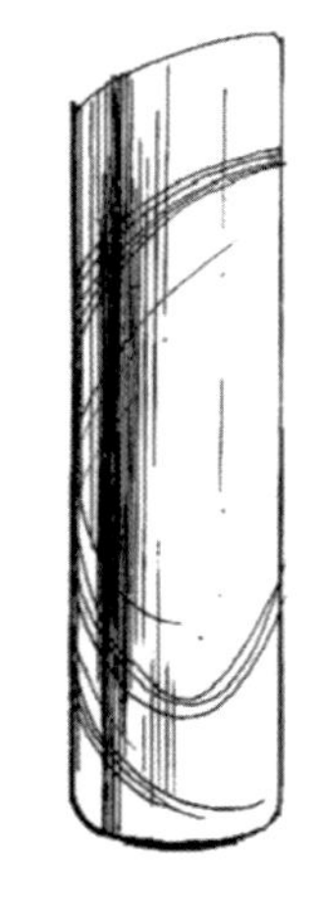

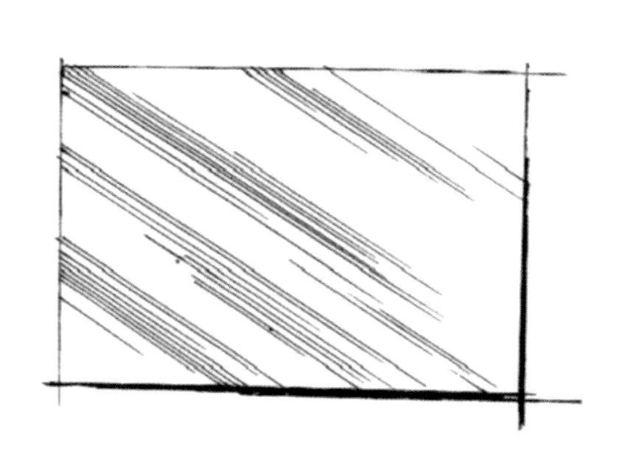

图 2-18

（六）组合家具表现方法

家具在室内设计中担任着重要角色，是整个设计构思过程中最后的呈现媒介。家具同时引领着空间整体风格的偏向与独特的审美境界。

1. 单体家具

就单体家具而言，我们常见的有沙发、茶几、电视机柜、餐桌、餐椅、床等。它们都属于塑造空间效果的主要组成元素，在空间效果图表现中占有大部分面积及绝对的重要地位。在线稿绘制时，首先需要根据透视关系，画出准确的家具造型；其次把握好空间的光源方向，设置好家具的亮灰暗三面与阴影的位置；再次就是控制好排线的密度与周围的整体关系。

单体家具手绘练习需要从简单的几何体开始入手，掌握好各种透视角度与造型变化特征，须勤加练习。

（1）沙发单体、茶几、椅子的表现方法。注意每件家具的造型、结构、质感、透视关系，再配合上简练、轻松的线条是画好单体家具的关键所在。（图2-19、图2-20）

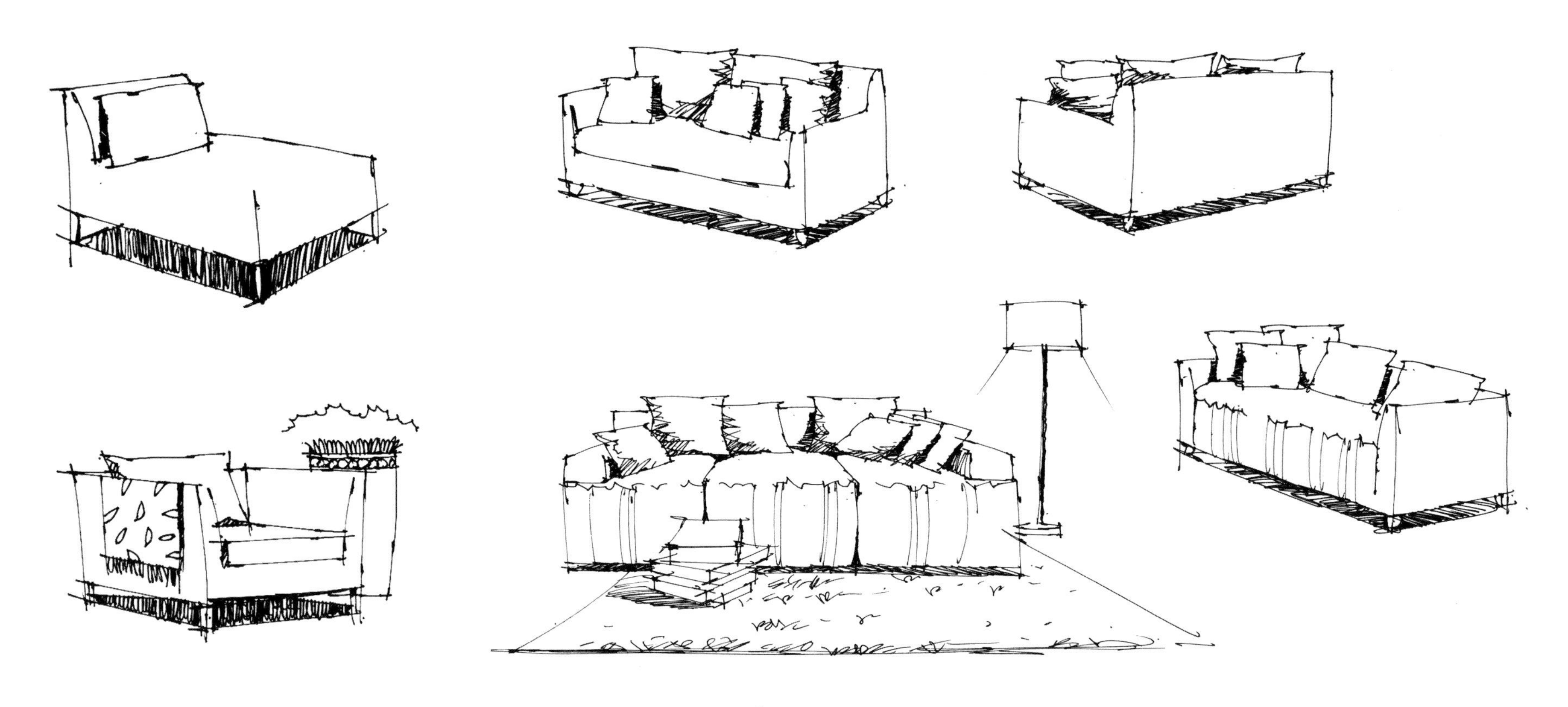

图2-19

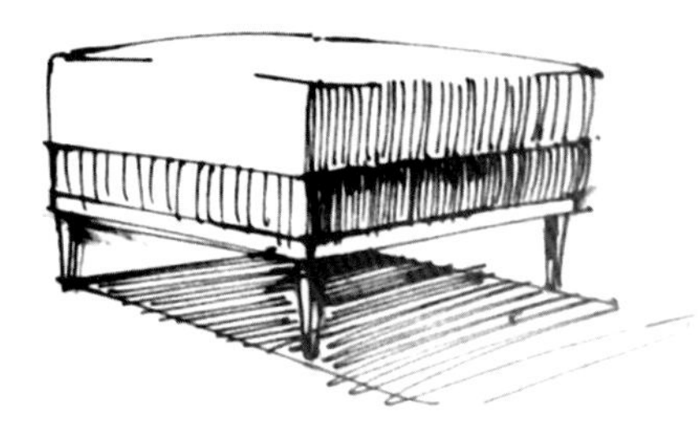

图 2-20

（2）床与床头柜表现方法。床在卧室效果图表现中，占有绝对重要地位。床板的硬质结构与床面的柔软织物，加上床的复杂结构造就了画床的难度。绘制床前首先需要注意的是床的整体造型与透视关系的变化，一开始不要过于追逐床上织物的画法，而是需要理清床与床板、床背、床头柜之间的结构关系。线稿绘制需要注意用线的简洁明了，结构型的线条需要干脆利落，一根线到位则能出现最佳的表现效果，不可胡乱布线；要注意床与床头柜之间的光影关系，表达出前后关系、层次关系、光影关系，体现出美感。（图2-21、图2-22）

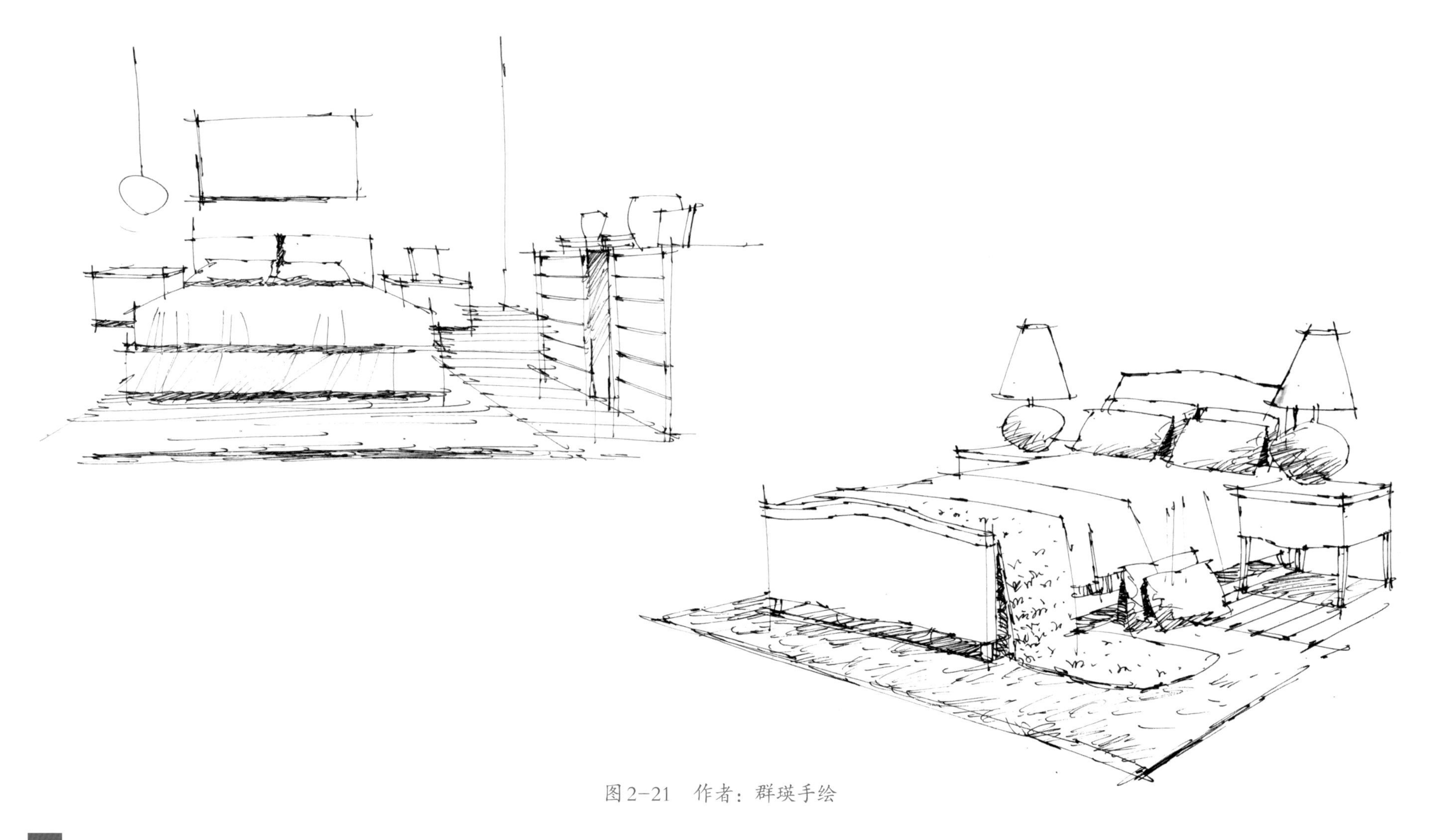

图2-21　作者：群瑛手绘

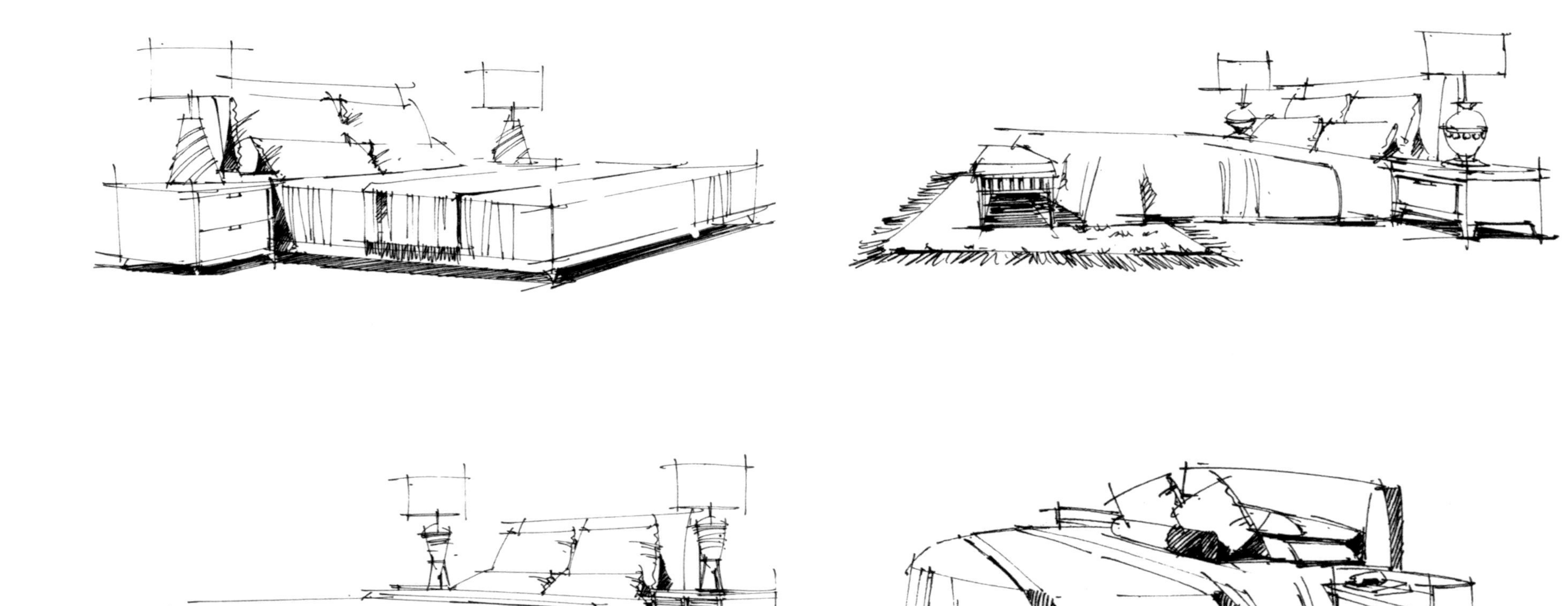

图 2-22　作者：卓越手绘

2. 组合家具

组合家具的手绘难度在单体家具之上。组合家具需要注重的是家具与家具之间的关系、光影变化、陈设的组合方式等，因此在练习时需要注意：

（1）组合家具的透视关系。多件家具的组合，首先需要注重构图的美感与实用性，其次是家具与家具之间的前后关系、层次关系。由于组合家具的家具数量较多，经常出现遮盖，绘制时需要弄清家具之间的结构、前后关系、地面所在位置，多参照多比较，方能绘制好组合家具。（图2-23）

图 2-23

（2）组合家具的选择方式。组合家具的方式多种多样，数不胜数，也不是所有的家具组合都便于表现。在选择组合家具时需要注意：①家具的风格要协调统一；②家具的纹样与肌理，不能所有的都复杂、繁密；③需要考虑家具组合的数量，根据空间大小、需求来决定与绘制。（图2-24）

图2-24 作者：群瑛手绘

（3）餐桌椅套在手绘表达中相对复杂，由于物体较多且透视角度较大，画起来尤其需要注意每个物体间的透视关系。绘制的方法可以由简入繁，先从每个物体的投影面开始绘制，再绘制出每个物体的高度，最后添加局部的细节。（图2-25）

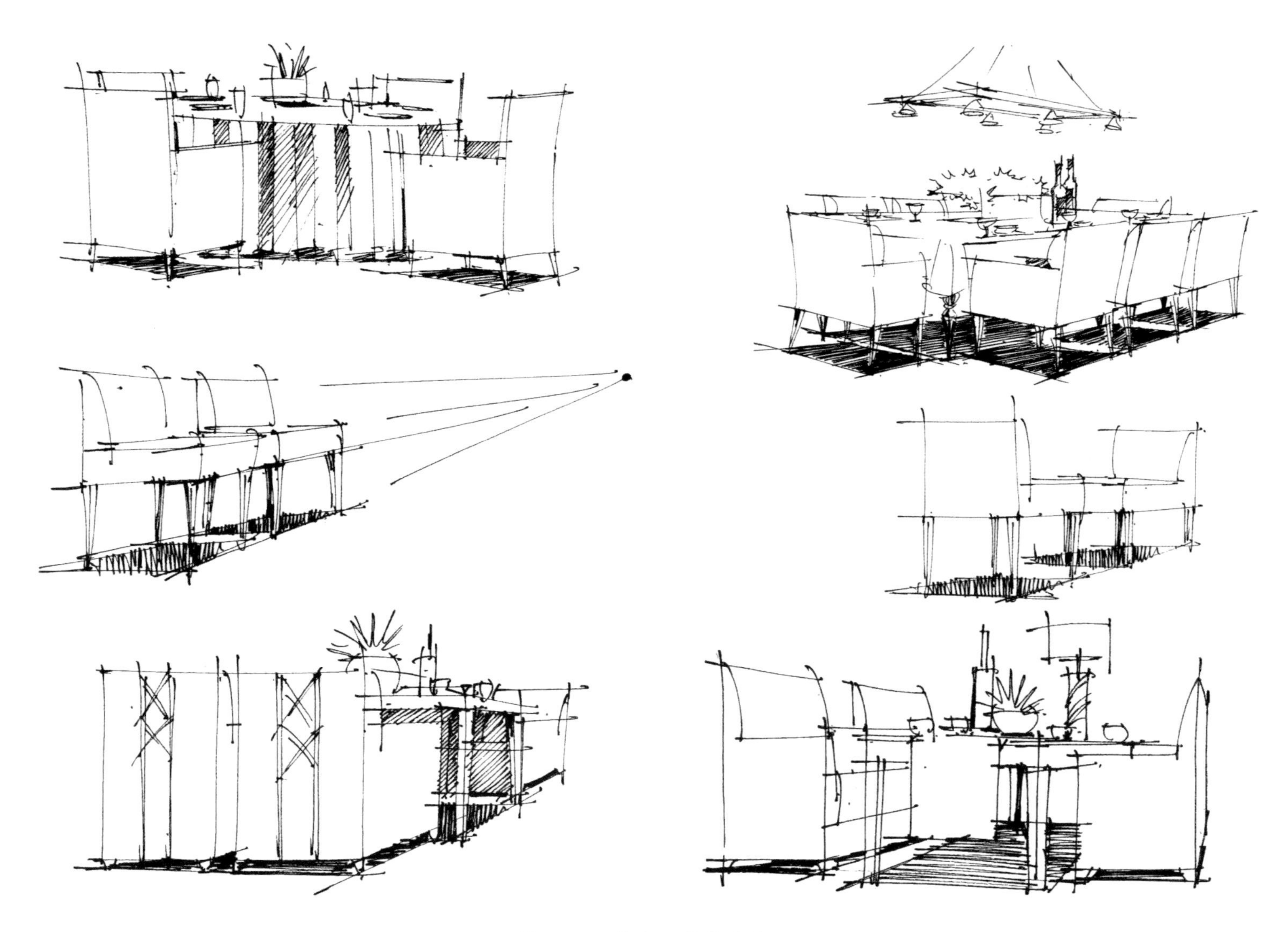

图2-25　作者：卓越手绘

第三节 室内设计效果图上色基础知识与马克笔基础表达

一、上色工具介绍

（一）工具简介

1. 马克笔

马克笔作为现代室内设计手绘表达的主流工具之一，是效果图上色、渲染的重要表现手段。根据马克笔的性质，主要将其分为两种：酒精性与油性。

在目前的市场上，大部分马克笔都为酒精性马克笔。首先，酒精性马克笔价格较为便宜；其次，酒精性马克笔绘制笔触明显；再次，颜色丰富，便于补充。而油性马克笔价格较为昂贵，油质对纸张渗透力较强，用于绘制室内效果图时，初学者难以掌控；优点则是颜色效果稳定、和谐。

马克笔一般用于绘制室内效果图，贮备60色（图2-26）左右基本够用。挑选马克笔时，注意以灰色为主，例如：暖灰、冷灰、黄灰、绿灰等，称之为主体色。其他丰富的红、黄、蓝绿色彩，称之为戏剧色，用于点缀空间。马克笔色彩丰富、上色方便快捷、表现力强、笔触清晰、品种多样，广受设计师推崇。市面上马克笔笔头也多种多样，一般为扁方型、方圆型等。绘制时我们可以通过转动笔头，达到各种粗细、质感不同的马克笔笔触效果。（图2-27）

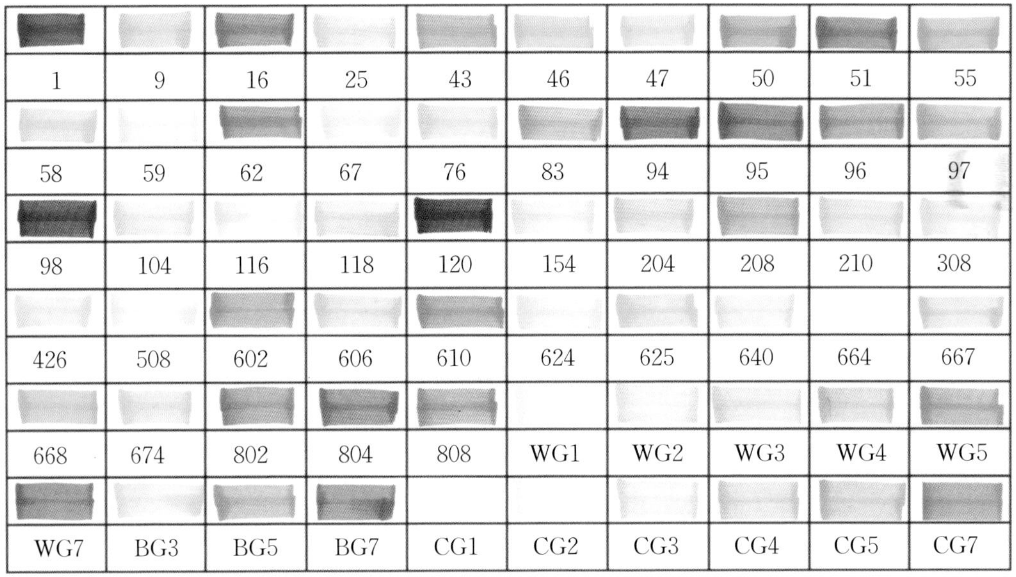

1	9	16	25	43	46	47	50	51	55
58	59	62	67	76	83	94	95	96	97
98	104	116	118	120	154	204	208	210	308
426	508	602	606	610	624	625	640	664	667
668	674	802	804	808	WG1	WG2	WG3	WG4	WG5
WG7	BG3	BG5	BG7	CG1	CG2	CG3	CG4	CG5	CG7

图2-26

2. 彩色铅笔

彩色铅笔是手绘表现的重要工具。无论是在草图方案阶段，还是成品效果图最终调整阶段都能见到它的踪迹。在室内手绘效果图中，彩色铅笔用法较为简单，就像素描铺调子一样，轻轻地扫上一层淡淡的色彩便能出效果。一般在马克笔上完色之后，轻轻地扫上一层环境色彩使画面更和谐统一，或者在某些个体家具上增加细节与变化，都是彩色铅笔完美表现的技法。(图2–28)

3. 辅助工具

在室内设计效果图表现中，除了马克笔、彩色铅笔等主要表现工具外，还需要辅助上色表现工具。例如：涂改液、高光笔等，各有神通。

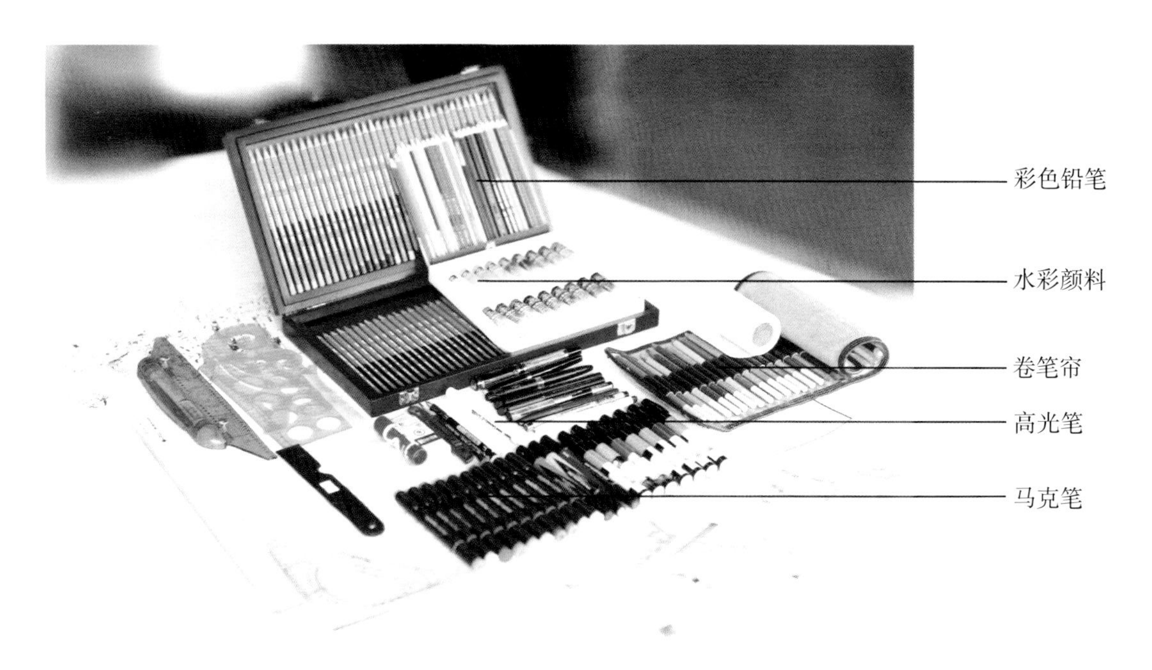

图 2–27

图 2–28

（二）马克笔使用基本方法

1. 笔触表达

在室内设计效果图马克笔表达中，笔触成为上色最为重要的一环。首先最为基本的便是直线摆笔，要注意的是起笔和落笔时的速度与力度，绘制出来的色彩要均匀，下笔要果断，运笔要流畅，才能成为合格的一笔。并且需要注重马克笔与纸张结合的特性，比如酒精性的马克笔与纸张之间可以产生叠加的效果。同一种颜色的马克笔在第一笔干了之后再画第二笔，颜色会加深产生层次感，可丰富画面效果。而互补色与冷暖色则是不能叠加的，叠加之后就会使画面产生脏乱的效果。（图2-29）

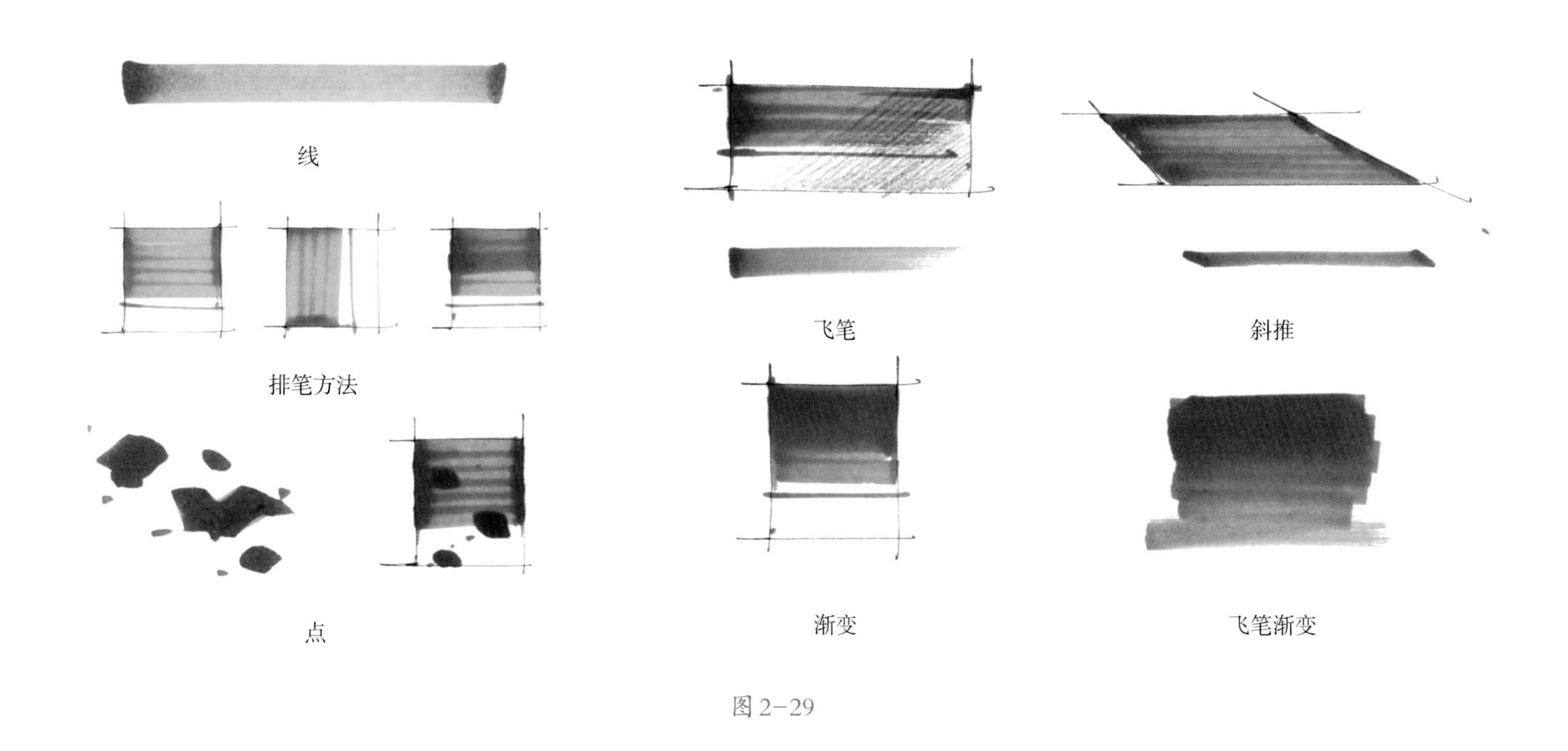

图 2-29

其次，马克笔排笔方式也非常重要。排笔方式直接影响着笔触效果，同时也影响着画面。我们常见的笔法有：①“N”字形排笔方法；②“Z”字形排笔方法；③角落排笔方法；④反推式揉笔方法。前三者为基础排笔方式，后者为高级排笔技法，各有用处，各为其效。

2. 上色基础表达与练习

我们尝试用同系列色彩的三支马克笔，对正方体进行上色训练。同学们在摆笔触的同时，需要绘制出正方体的亮、灰、暗三面以及投影。首先，选择三支同色系马克笔中最浅的一只，沿着正方体的顶面垂直摆笔，画出光感的同时注意留白处理，使属于受光面的顶面有通透的上色效果。灰面与暗面则根据正方体的透视方向进行摆笔，注意单面的层次变化，同时也不要让颜色越界。(图2-30)

在给正方体上色时需要注意：①正方体的明暗对比要强烈，界面之间要互相区分；②每一个面都需要画出层次变化与清晰的笔触；③投影与暗面需要相互区分，不能出现死黑的块面；④后可以用高光笔和针管笔对正方体的边界进行强调，使物体体积感更加清晰、强烈。

3. 马克笔笔触在空间中的运用方法

马克笔与水彩的画法相似，首先分为干湿画法，产生的效果各异。湿画法笔触柔和、模糊利于色彩融合与叠加；干后再画，笔触明显、清晰。其次，颜色的叠加方法。马克笔可以使用同色系颜色进行深色一步步叠加，增加画面层次。而浅色来叠加深色或冷色叠加暖色、互补色相叠加则会让画面脏乱，且颜色变得浑浊。(图2-31)

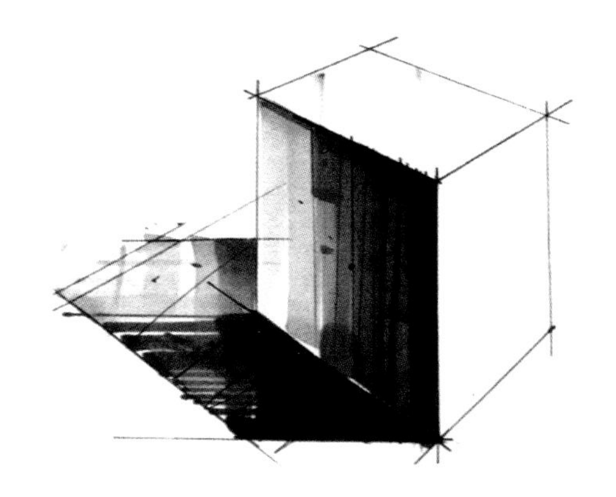

图 2-30

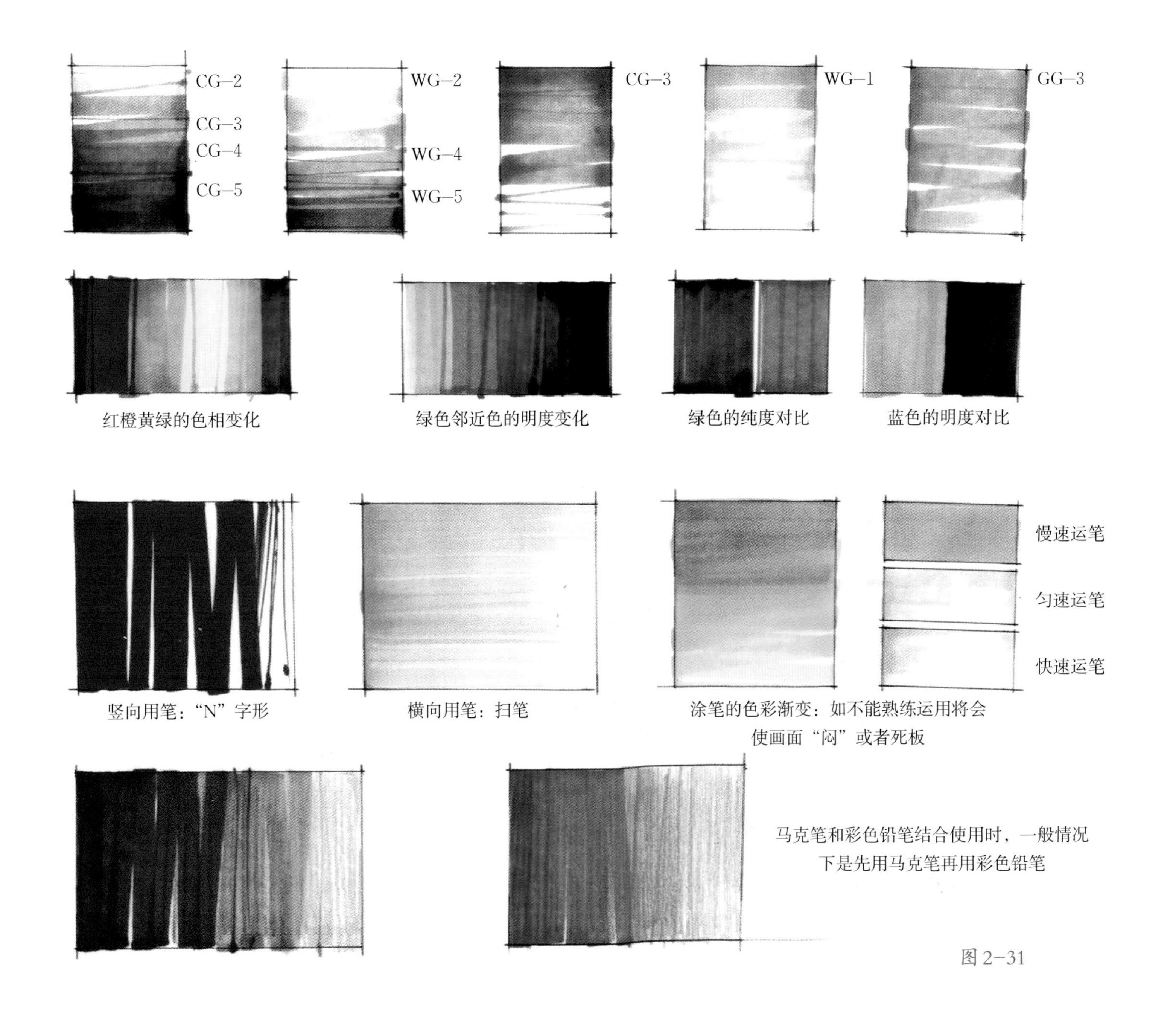
CG–2
CG–3
CG–4
CG–5
WG–2
WG–4
WG–5
CG–3
WG–1
GG–3
红橙黄绿的色相变化
绿色邻近色的明度变化
绿色的纯度对比
蓝色的明度对比
慢速运笔
匀速运笔
快速运笔
竖向用笔："N"字形
横向用笔：扫笔
涂笔的色彩渐变：如不能熟练运用将会使画面"闷"或者死板
马克笔和彩色铅笔结合使用时，一般情况下是先用马克笔再用彩色铅笔

图 2–31

4. 马克笔颜色的分配方法

马克笔的颜色分配与画水粉、水彩如出一辙，都是根据画面的整体效果来决定的。合理地运用色彩的配合、颜色的叠加，能让作品更加引人注目，塑造出来的物体更真实，层次感更加强烈。同一支马克笔每叠加一次颜色就会加深一级，但是叠加三次之后几乎就不会再有变化，因为纸张已经被吃透。

（三）彩色铅笔基本表现技法

彩色铅笔在室内设计表现中，主要用于后期调整画面效果。彩色铅笔的优点显著：①易于调整，效果容易掌控；②补充颜色，细腻调整。由于彩色铅笔的特质，在叠加多次之后，画面会出现油腻的质感，所以彩色铅笔的使用方法需要根据画面的整体效果进行调整。

彩色铅笔的画法主要是排线法与平涂法。方法与画素描时类似，需要根据力度来调整轻重关系。需要注意的是彩色铅笔用完后，高光笔就无法正常表现出效果，所以两者同时使用时需要思考前后关系。

彩色铅笔表现效果图（图2-32）：

图 2-32

马克笔结合彩铅表现效果图（图2-33）：

图2-33　作者：庐山艺术特训营

（四）材质马克笔表现方法

1．木材

马克笔表现木材时，需要表现出木纹的固有色彩与材质表面光感，再配合彩色铅笔绘制出木材的纹理质感。（图2-34）

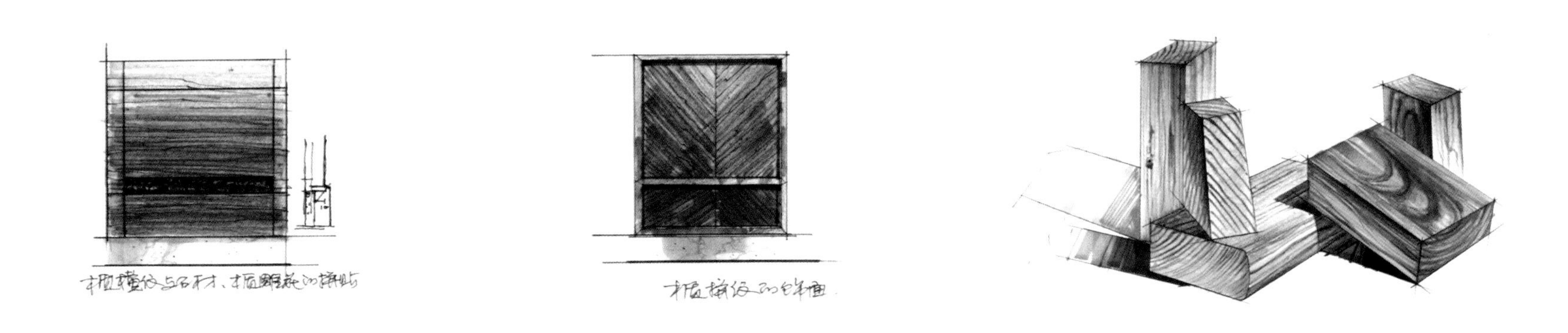

图2-34　作者：庐山艺术特训营

2. 透明玻璃与镜面

玻璃重点在于清透，镜面重点在于反射。处理好环境与反射体之间的关系是描绘它们的重点，配合彩色铅笔进行局部描绘与留白后的清透效果是关键。(图2-35)

图2-35　作者：庐山艺术特训营

3. 石材

石材在室内设计中非常常见，表达时首先需要理清石材的质感，光滑还是粗糙；配合上与材质相匹配的马克笔颜色尤为重要。(图2-36)

图2-36　作者：庐山艺术特训营

4. 墙面

墙面在室内设计马克笔表达中是最为重要也是让人头疼的区域。一般的空间中大部分为白墙、顶面、墙面等。在留白的同时，需要界定出多个白墙之间的区别，基本的处理方法是根据画面的整体色调，采用最浅的马克笔颜色进行快速摆笔或者揉搓笔法进行表达，表达出的效果是无须太多笔触，并且与纯白的白墙有些许色彩区别。(图2-37)

5. 金属

金属发射方式特殊，并且黑白关系转折明显，同时具备环境反射。(图2-38)

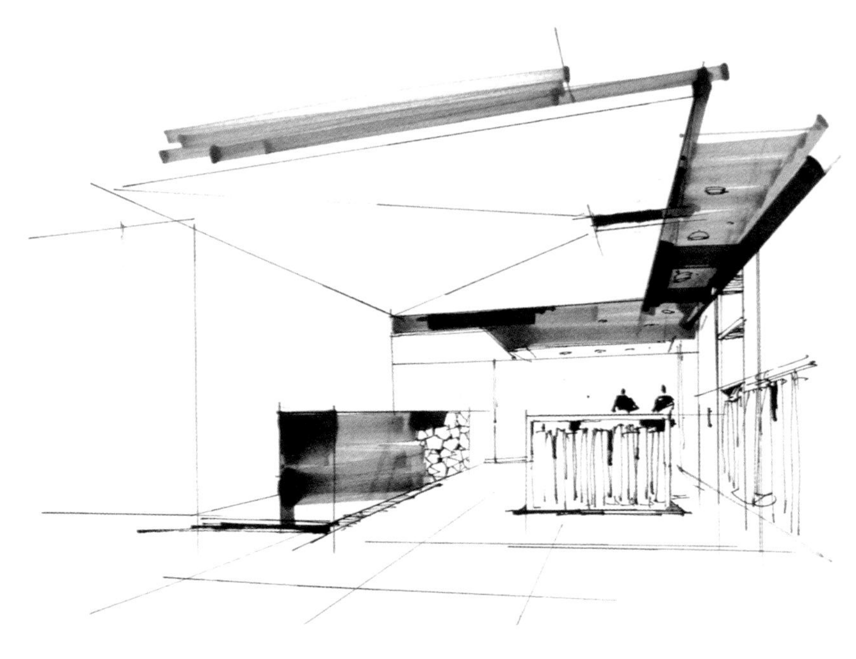

图2-37　作者：庐山艺术特训营

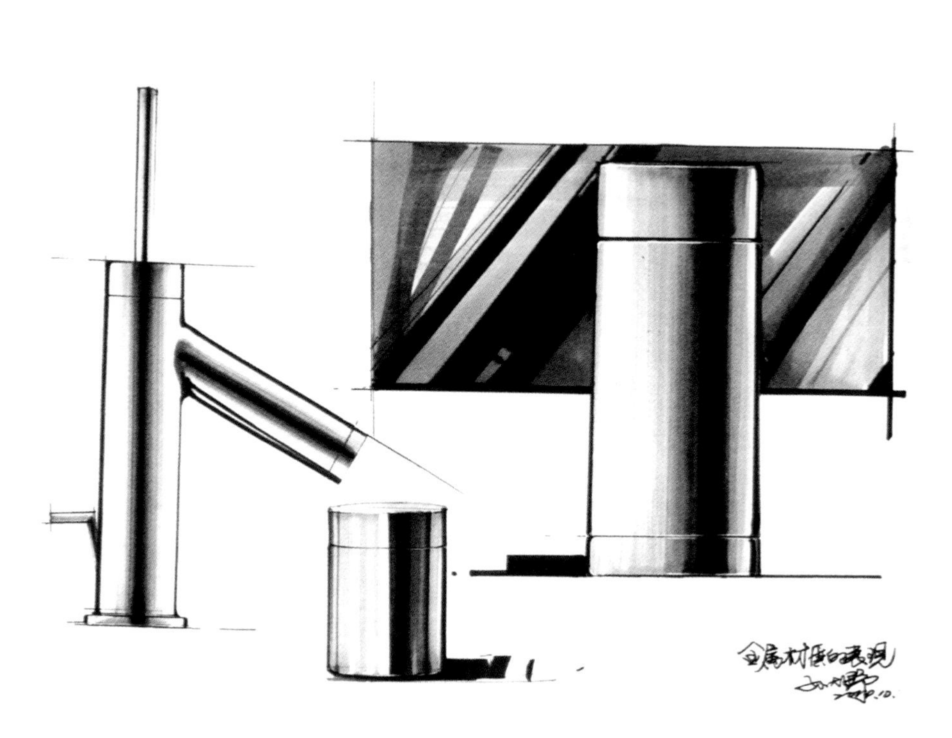

图2-38　作者：庐山艺术特训营

6. 灯光

我们将灯光分为：自然光与人造光。两者的区别主要在于光照的强度与色彩。自然光主要负责整体照明，色彩以冷色为主，光线没有过于明显的轮廓，光线柔和自然。人造光主要负责点缀、强调灯光的作用，颜色以暖白、暖黄为主，具有光照轮廓以及慢慢淡化的光晕效果。(图2-39)

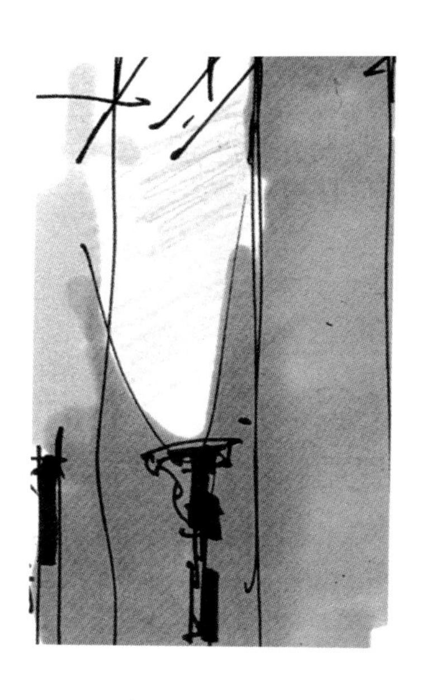

图2-39　作者：庐山艺术特训营

(五) 室内陈设品上色方法

1. 上色基础

在室内设计手绘表达中，除了对空间结构、透视的基础把握之外，还需要表现室内的功能性家具、陈设配件、配饰植物与小品等，这些元素便组成了室内陈设。在空间上色之前，我们首先从家具单体与家具组合进行上色训练。大家可以根据收集的家具资料与素材对各式各样的家具、陈设、植物进行描绘。通过对这些陈设的练习，希望大家能够默写出来，在今后的空间表达与快题训练里，经常能起到调节画面、烘托画面气氛的辅助作用。

对陈设品的马克笔上色，我们需要整理清楚物件的结构与明暗关系。马克笔下笔时需要轻松、流畅、肯定，不要犹豫。马克笔上色主要是为了表现物体的固有颜色与塑造形体之用，让色彩的渲染使得物体更具体积感与表现力。(图2-40至图2-42)

马克笔上色时需要注意事项：

(1) 马克笔下笔要肯定，笔触清晰、饱满。

(2) 上色时，注重物体的光阴关系，分清楚物体的亮、灰、暗、投影面，充分表达出物体的体积感与立体感。

(3) 上色时需要注重画面的整体感，画面整体效果要和谐、统一。马克笔笔触与排笔也尽量保持美感与统一，不可太过于杂乱无章。

(4) 马克笔对物体上色不要过于饱满，要注意“留白”，要敢于留白，它能使画面变得通透，以避免画面太过于呆板、沉闷。

(5) 上色摆笔时需要注意，沿着物体的轮廓进行表达，这样能更好地对物体进行塑造。

(6) 画面整体色彩处理需要和谐统一，切记马克笔颜色不能脏、乱，室内上色表达以灰色系为主题，艳色为辅助。画面整体效果不能过于有色彩倾向，这和画水粉、水彩一个道理。

图 2-40

图 2-41

图2-42　作者：庐山艺术训练营

2. 上色案例演示

(1) 灯具

灯具在室内空间中极为常见，经常处于画面中心位置或者吊顶处。在表现灯具时，首先得了解灯具组成方式，根据灯具的结构进行摆笔；其次，注意灯具材质的通透性以及与灯光照射的效果结合起来进行表达。(图2-43、图2-44)

图2-43　作者：卓越手绘

图 2-44　作者：卓越手绘

（2）沙发

沙发单体上色训练，需要注意沙发的形体特征，根据沙发的透视关系进行摆笔，笔触不宜过于繁杂。同时需要注意沙发颜色、质感和阴影的变化。（图2-45、图2-46）

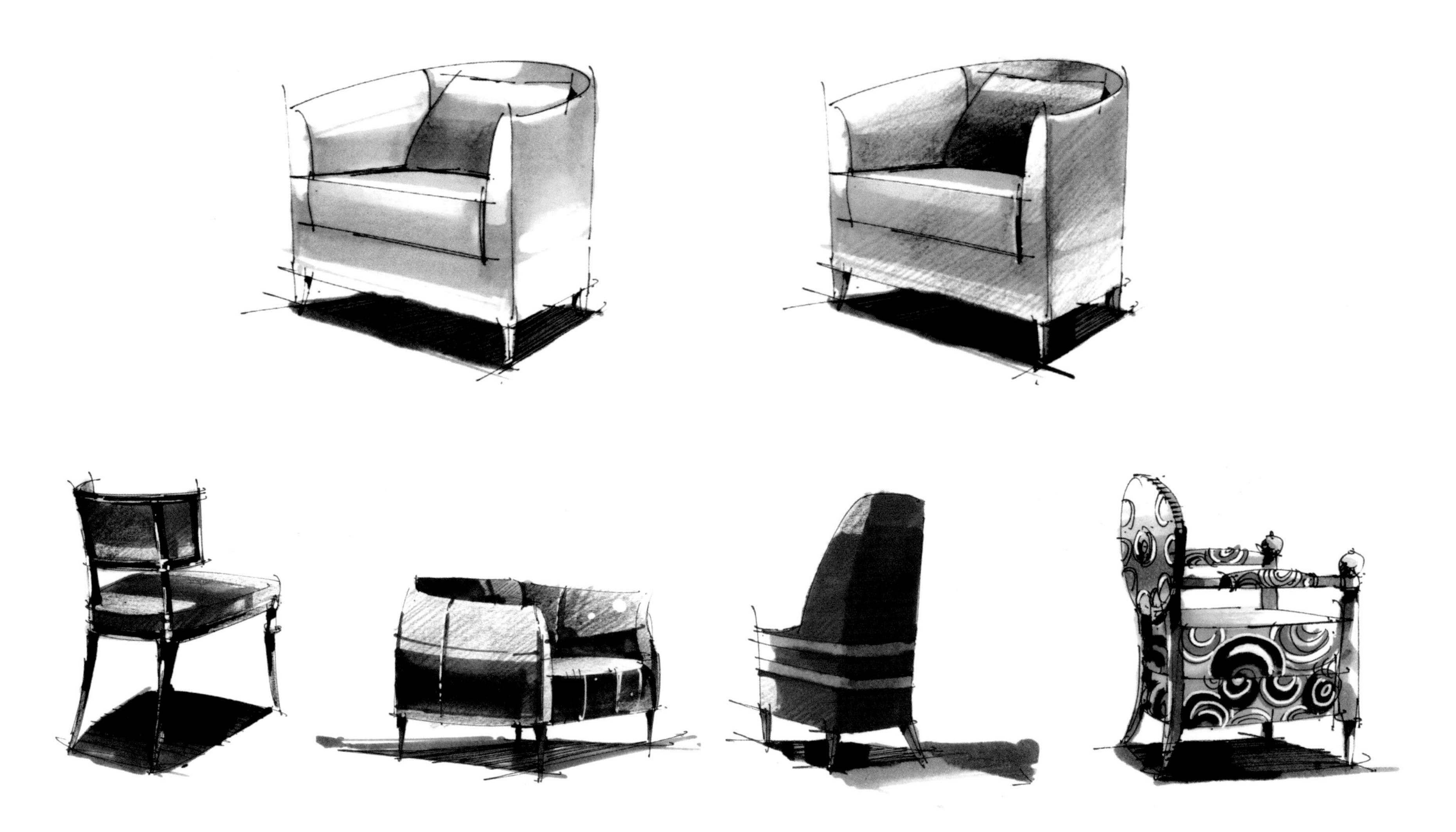

图2-45　作者：卓越手绘

图2-46　作者：纯粹手绘

（3）茶几

茶几画法与正方体画法类似，以平涂为主要表现方法，注意使用竖画法与笔触对桌面光感进行表达。同时需要注重的是茶几上的配饰表达，色彩搭配尤为重要：①造型与样式需要风格统一；②配饰色彩与茶几配色需要具有一定的冷暖对比，不能全是同系色彩；③注重茶几与周围家具之间的关系，地毯与茶几投影之间的关系；④茶几的硬朗外表与柔软的配饰之间的用笔方法需要有区分，方能表达出物体材质上的差异。（图2-47）

图2-47　作者：庐山艺术特训营

（4）植物

植物在室内设计中运用得最为广泛的属盆景，在空间中起到装饰与点缀的作用。常见的室内绿植有：绿萝、棕竹、吊兰、墨兰、文竹、龟背竹、黄金榕、琴叶榕等。在线稿表达完后，马克笔只需要根据植物的长势进行上色，分清植物叶片的前后关系、穿插变化表现得自然、茂盛、层次丰富即可。(图2-48)

除了大部分绿色植物之外，还有特定的紫色、红色植物，例如广东地区常见的三角梅呈现出玫红色，广受喜爱，同时丰富室内设计的色彩搭配。

图2-48　作者：庐山艺术特训营

（5）桌椅组合

现在设计的家具，普遍以简约为主，马克笔表现时根据其造型轮廓与透视进行摆笔，塑造出立体感与转折关系便可。中式家具需要根据其造型与线条进行塑造，同时根据油漆的质感进行选色与留白处理，表达出木制的坚硬感与光泽感。（图2-49、图2-50）

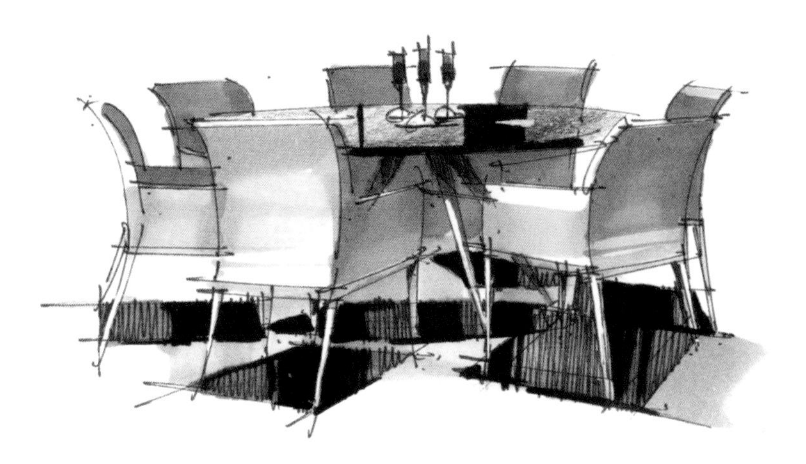

图2-49　作者：卓越手绘

图2-50　作者：卓越手绘

（6）家具组合

在表达组合家具时，需要注意组合与单体之间的差别。画组合家具时首先要把握画面的整体感，不能使画面过于“火气”或“冷艳”，需要处理得当。其次，物体之间的阴影、层次、虚实关系都需要特意地进行拉开，受光面与被光面之间的层次感需要分清，拉开空间距离。最后需要对画面进行整体调整，加上彩铅对环境色的渲染，使物体与物体间的联系加深。（图2-51、图2-52）

图2-51　作者：庐山艺术特训营

图2-52　作者：卓越手绘

（7）床组合

床为单体绘制中较难的内容，床组合内容较多，绘制时需要由简入繁，先用方体表达床体与床头柜之间的关系，由阴影面开始绘制。绘制床组合时需要注意：①透视点需要压低；②注意床、床饰品、床头柜的透视关系。（图2-53至图2-55）

图2-53　作者：卓越手绘

图2-54　作者：纯粹手绘

图2-55　作者：纯粹手绘

3

第三章　室内设计空间效果图表现

第一节　室内空间线稿的构图与透视

一、室内构图方法形式

在室内设计效果图表达中，我们要肯定透视学原理，找到合适的构图方式以及合适的视点位置（图3-1）。在绘制效果图时，需要注意的有以下特色：

（1）压低视平线与视点，采取人们常说的“狗试图”视角，即画面中部靠下三分之一的位置，此视点高度最适宜表达效果图，并且使得效果图的家具顶面不会过大。

（2）消失点位置制定在视平线上，并且位置不要过于居中，也不能过于偏向纸张边缘，一般都位于纸张稍微偏左或者偏右的位置。

（3）每次构图时，都需要在纸张的边缘留出1厘米左右的留白区域，这样画面不易产生拥堵的状态。

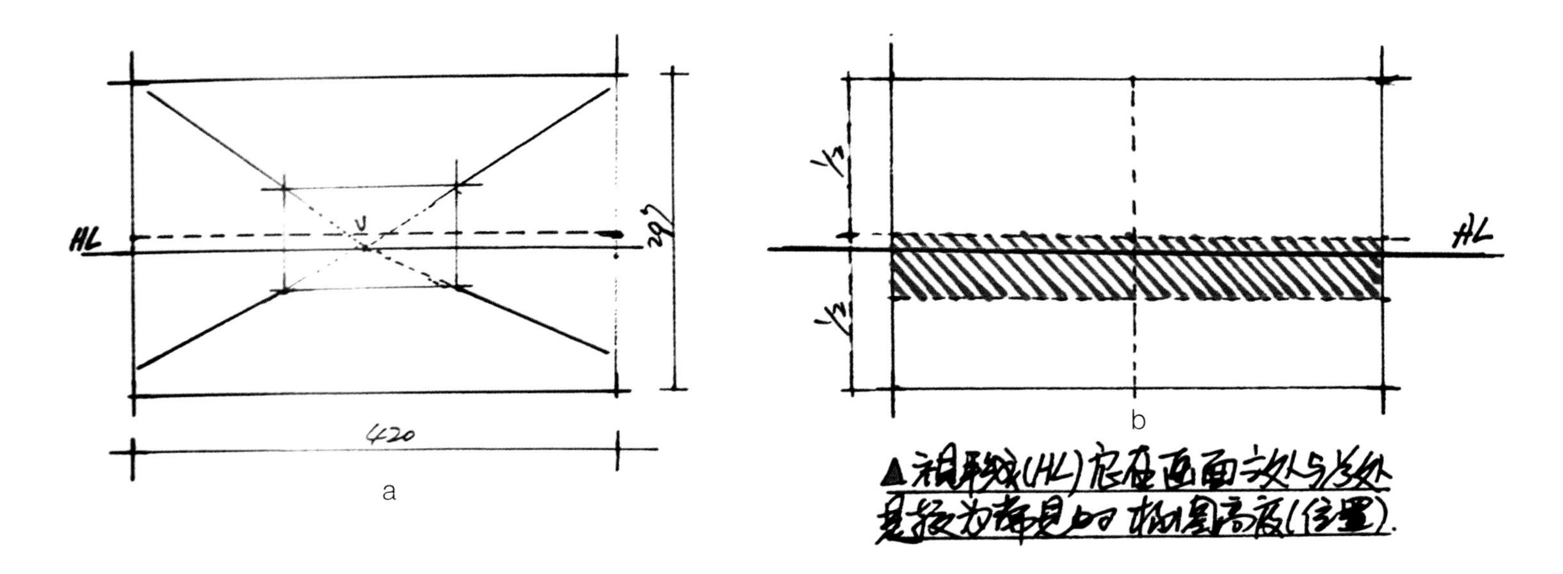

图 3-1

构图误区（图3-2）：

（1）视频线位置过于偏离中部，则会造成相反部分大面积空白。

（2）内框的尺寸直接影响画面的景深以及画面大小。内框大小根据所描绘空间真实大小进行绘制。

二、室内构图美学标准

室内效果图构图方式，需要考验大家对美学的理解，我们需要从画面、空间、尺度关系所表达内容以及整体效果进行构图方式的选择。构图的美学法则和绘制如出一辙：①构图整体的平衡效果；②构图中物体的主次与虚实效果；③构图的重心位置，处于中间偏下最为适宜。打造一个良好的构图效果，有利于提升画面的质感与表现力，是一种对美学能力的考量E。每个人对美学的理解、层次有所差距，所以构图形式、构图取舍各有不同，在初学期，我们可以多参考成功的构图案例与作品。(图3-3)

一般用于室内效果图绘制的大多为A3尺寸纸张，此纸张特点为长方形，出现了两种最为常见的纸张构图方式：横构图与竖构图。

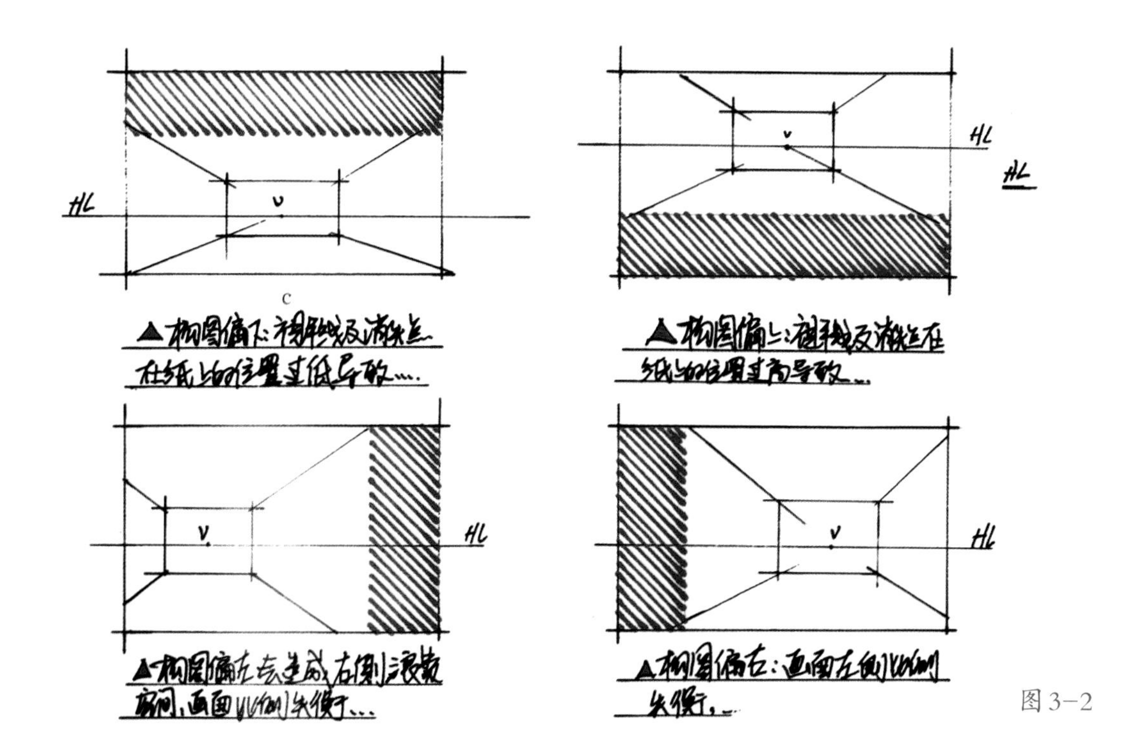

图 3-2

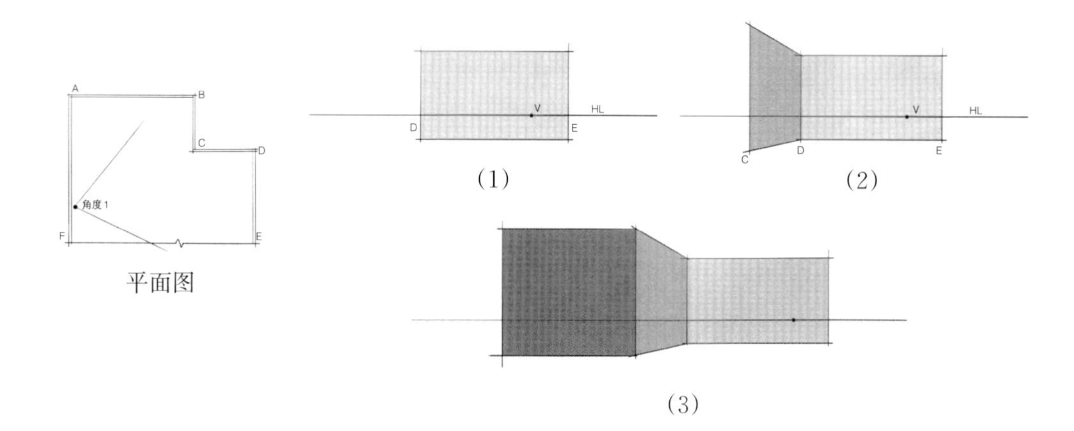

图 3-3

（一）横构图

一般的室内空间宽度为3米至5米，高度则较为固定一般2.5米至3米。例如绘制客厅、餐厅、卧室空间时，我们大多选用横构图较为适合我们的空间表达，结构稳定，给人以平和、宁静的感觉。(图3-4)

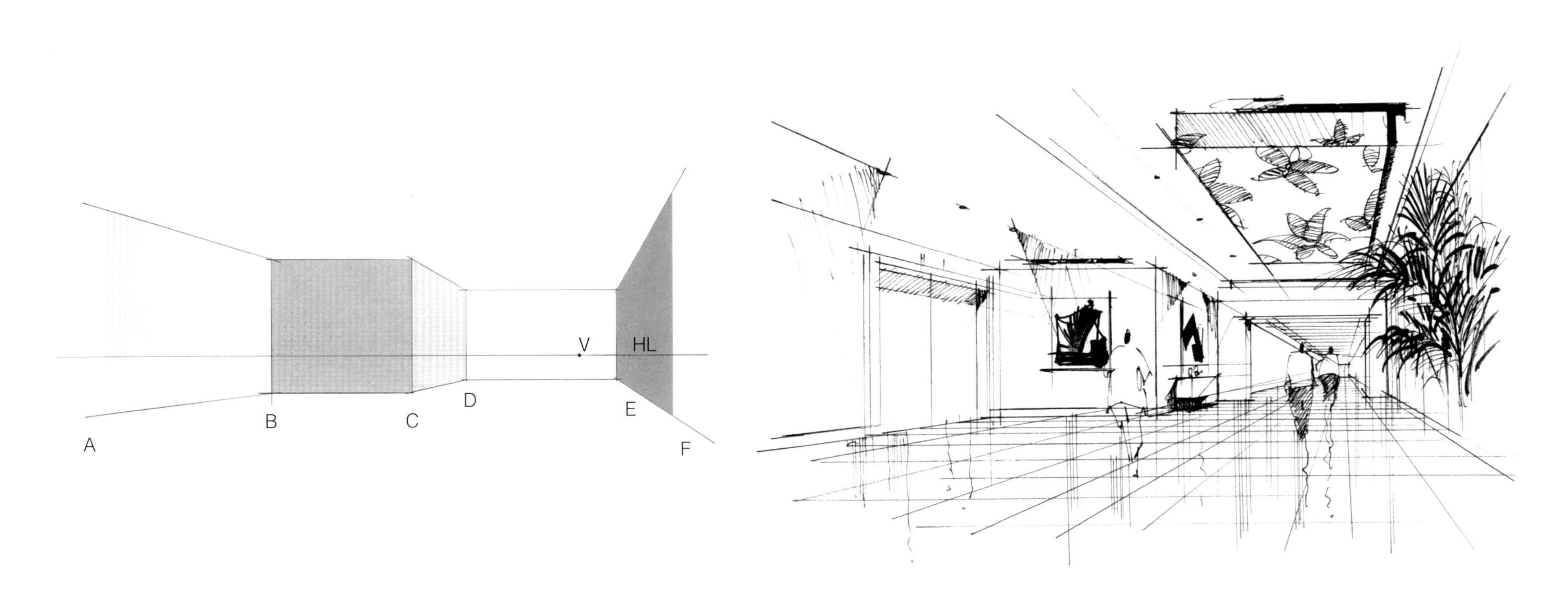

图3-4

（二）竖构图

竖构图适于表达较高的空间，例如层高5米至6米的复试楼客厅或者工装空间等。竖构图给人活力十足的垂直视觉感受与恢宏的气势感。(图3-5)

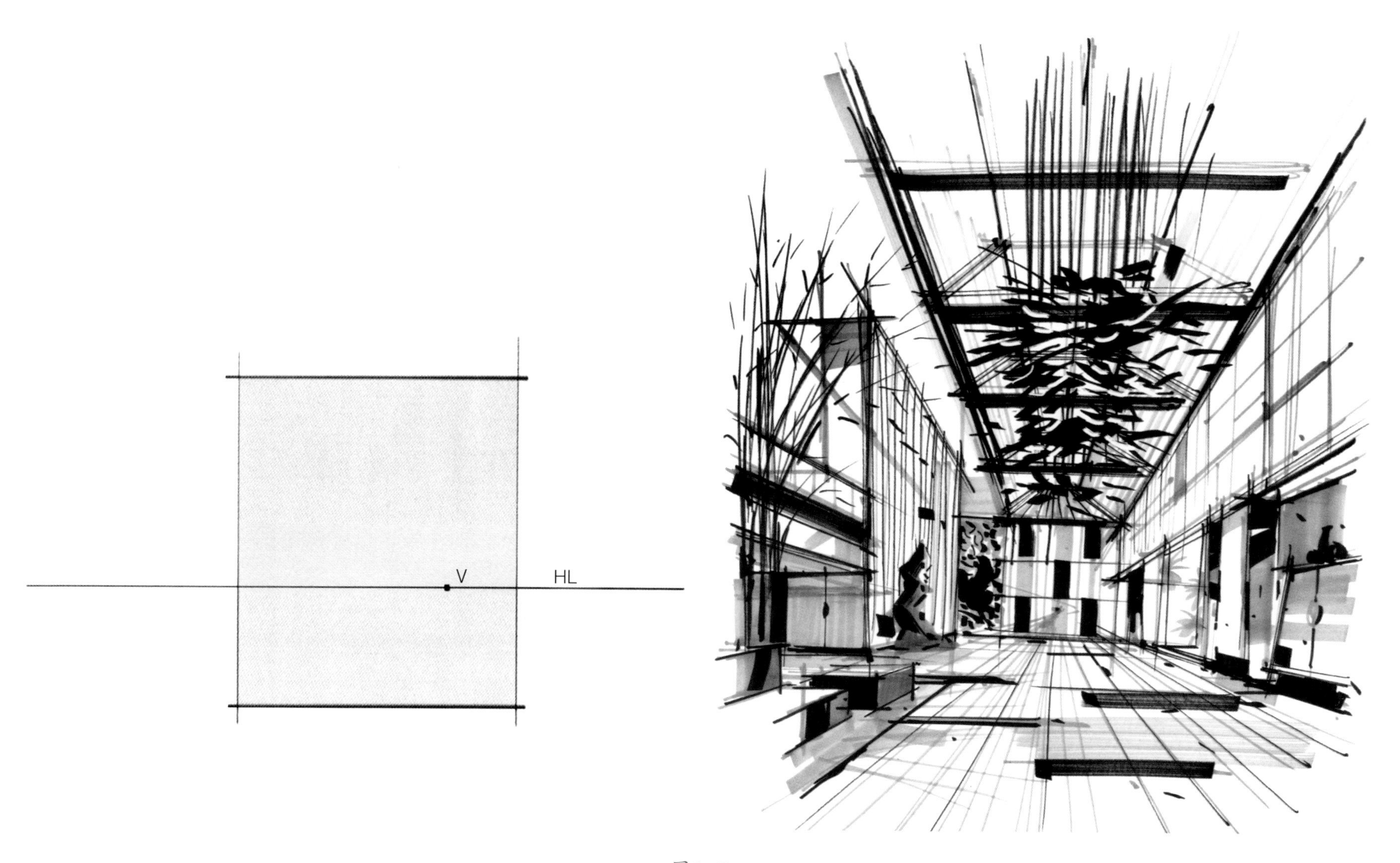

图 3-5

三、透视原理之一点透视讲解

一点透视原理：画面横平竖直，所有产生透视关系的透视线全部消失于同一个消失点，能够将空间中的地面、天花、立面之间的比例关系正确、真实地表达出来，产生的透视变形效果小。画面纵深感强烈，空间表现出稳定、庄重、平衡等特点。

步骤一：①确定视平线与消失点位置，视平线定于画面靠下三分之一处。②正确绘制出空间结构框架与家具投影位置。③根据图像调整画面内框位置与画面景深感。（图3-6）

步骤二：①根据空间比例关系，将空间中家具的高度表达出来，并且表达出立面装饰框架。②调整空间家具尺寸与比例关系。（图3-7）

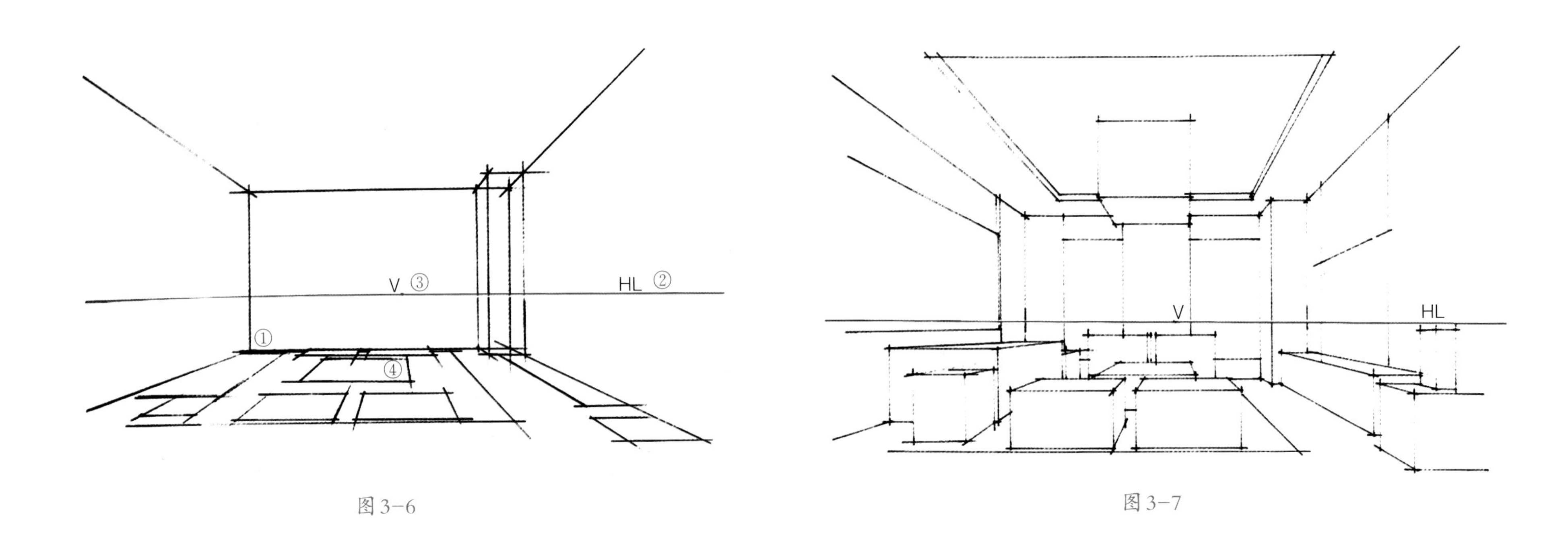

图3-6　　图3-7

步骤三：深入刻画空间内容、家具纹理、空间层次关系、明暗变化关系、投影关系等，强调画面的立体关系与虚实关系。(图3-8)

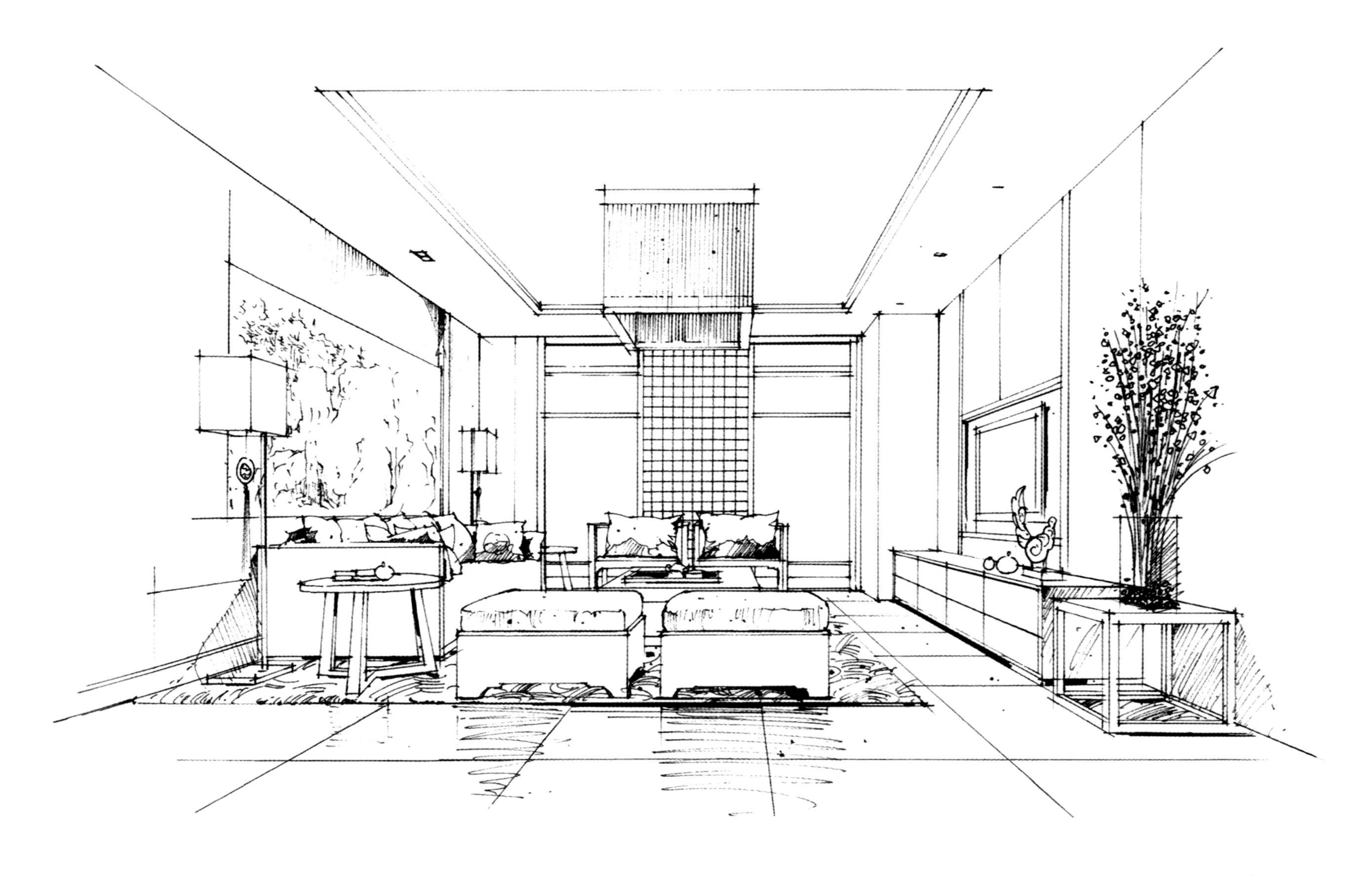

图3-8　作者：庐山艺术特训营

四、透视原理之两点透视讲解

两点透视原理：两点透视也称为成角透视，运用范围广。拥有两个消失点，并且两个消失点位于同一条视平线上。两个消失点不能过于接近，否则表达出来的场景效果图会产生不符合人眼观察到的画面效果，会产生透视变形。两点透视适合表达空间层次丰富、复杂的场景效果。两点透视所描绘出来的场景是空间的一个角落，表达起来相对复杂。

步骤一：①根据图纸，对空间进行构图处理，确定好空间高度与墙体宽度。②确定视平线高度与消失点位置。（视平线靠下，消失点不在纸张内）。③将空间家具投影描绘出来。（图3-9）

步骤二：①根据视平线高度将家具与陈设品位置的高度表达出来。②将空间立面装饰框架表达出来。（图3-10）

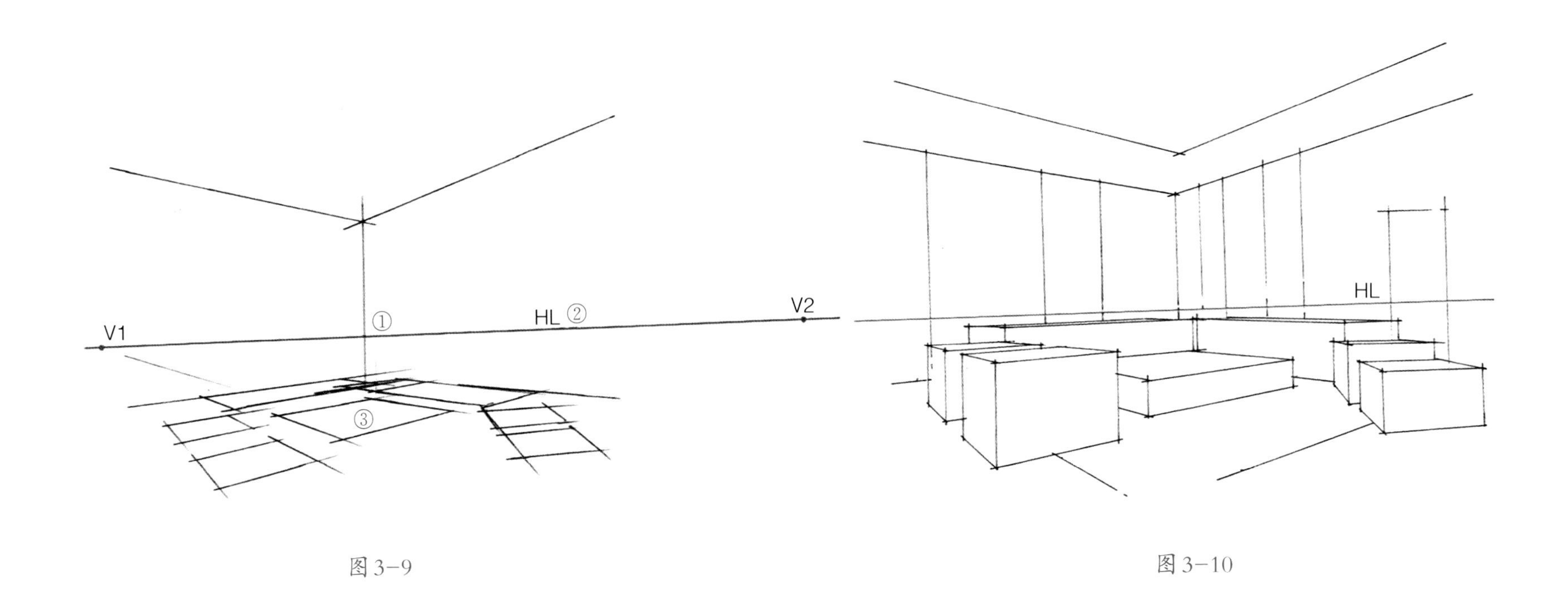

图 3-9　　图 3-10

步骤三：在方体基础上，将家具、陈设、空间界面进行深入刻画，表达出纹理、层次、明暗变化、投影等，强调画面的立体关系与虚实关系。（图3-11）

图3-11　作者：庐山艺术特训营

五、透视原理之一点斜透视讲解

一点斜透视原理：空间中所有的垂线与纸张垂直边平行，水平线条的侧边（纸张外）消失点消失，空间内纵深线向画面内消失点（靠近画面中心的消失点）消失。一点斜透视相较于一点透视更具动感与活力，相较于两点透视，透视变化相对较小、较为简单。

步骤一：①视平线最宜设置在画面一半至画面靠下三分之一处之间。②两消失点位于同一条视平线上。③将室内空间中的家具投影表现出来。（图3-12）

步骤二：①根据视平线高度将家具与陈设品位置与高度表达出来。②将空间立面装饰框架表达出来。（图3-13）

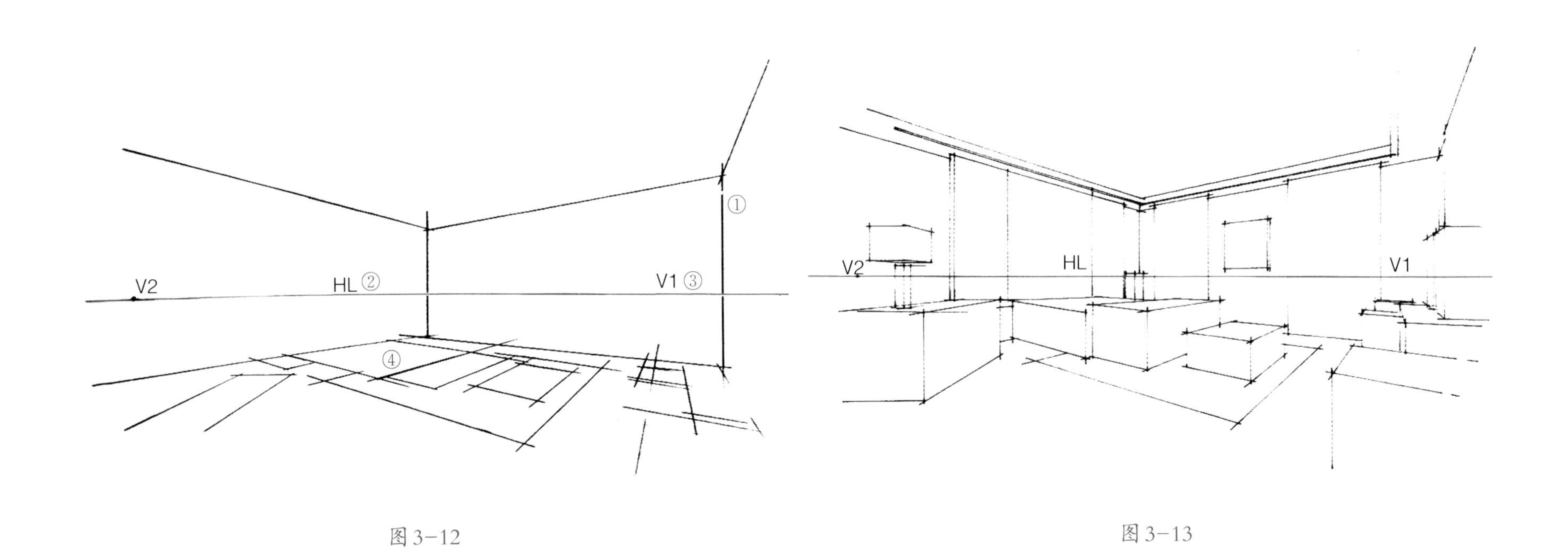

图 3-12

图 3-13

步骤三：在方体基础上，将家具、陈设、空间界面进行深入刻画，表达出纹理、层次、明暗变化、投影等，强调画面的立体关系与虚实关系。(图3-14)

图3-14　作者：庐山艺术特训营

第二节　室内空间线稿绘制步骤

一、家居空间表现步骤图案例

在设计行业中，手绘表达成为行业基本技能之一，以前期草图表达、思维导图为主，手绘可以贯穿整个设计流程。设计师拥有高超的手绘技能可以在项目前期快速地将方案进行完美的效果表达，优势在于节约时间和成本、闪电记录、便于直观的交流，为方案前期节省部分开支。

步骤一：①视平线最宜设置在画面一半至画面靠下三分之一处之间。②两消失点位于同一条视平线上。③将室内空间中的家具投影表现出来。(图3-15)

步骤二：①根据视平线高度将家具与陈设品位置的高度表达出来。②将空间立面装饰框架表达出来。(图3-16)

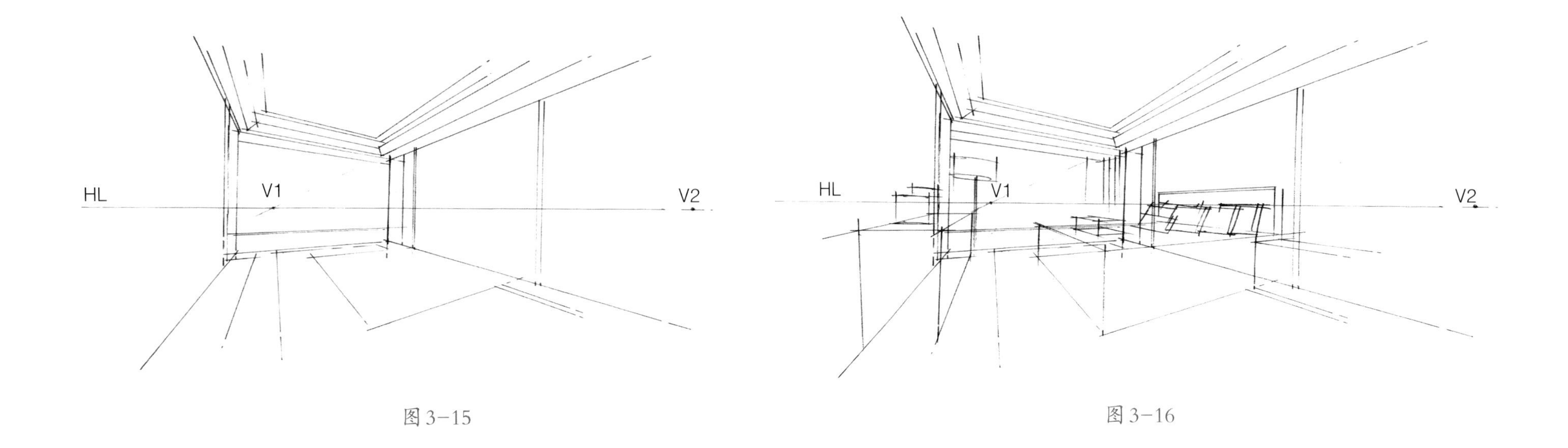

图 3-15

图 3-16

步骤三：在方体基础上，将家具、陈设、空间界面进行深入刻画，表达出纹理、层次、明暗变化、投影等，强调画面的立体关系与虚实关系。(图3–17)

图3–17　作者：庐山艺术特训营

二、商业空间表现步骤图案例

商业空间成为室内设计中重要组成部分，其面积大于家居空间，以更为多变的方式对室内空间进行呈现，主要用途在于不同的商业模式，进行设计与规划。

步骤一：商业空间面积、空间、层高都较大，根据思考与度量绘制出视平线与消失点位置，将空间大体结构进行表达。(图3-18)

步骤二：根据空间需求进行空间内陈设表达，添加活动人群。注意家具、陈设、空间、人物之间的比例关系。(图3-19)

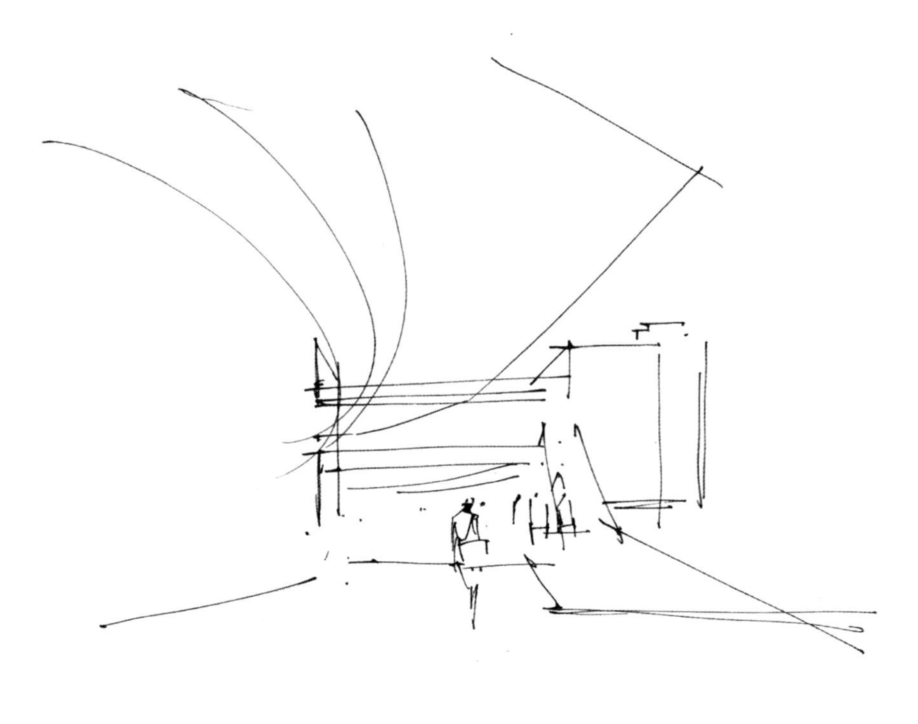

图 3-18

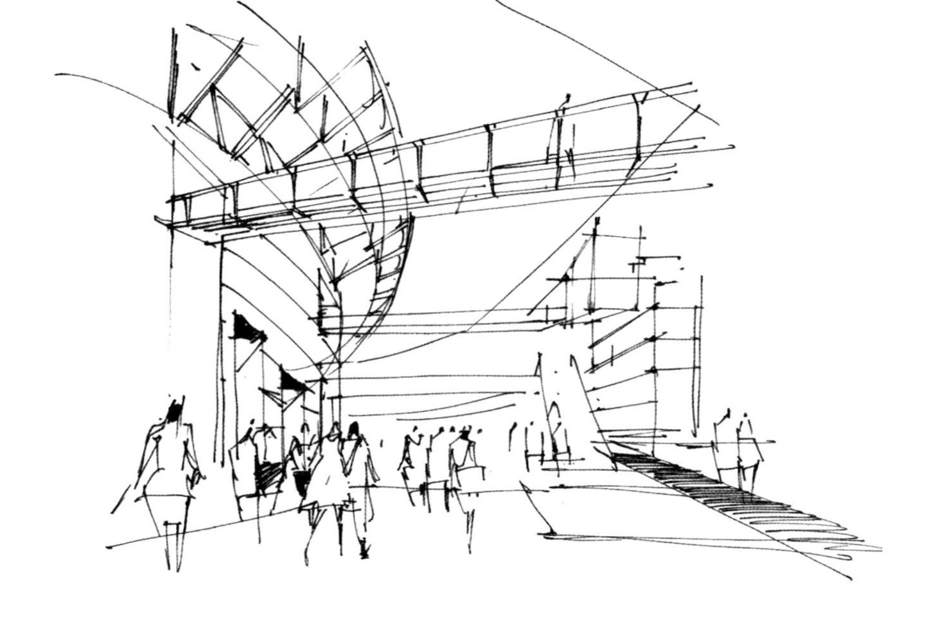

图 3-19

步骤三：将画面进行深入描绘，表达出层次、明暗变化、投影、材质等，强调画面的立体关系与虚实关系。（图3-20）

图3-20　作者：庐山艺术特训营

第三节　室内空间线稿优秀作品范例

图3-21　作者：张　峻

图3-22　作者：张　峻

图3-23 作者：张 峻

图3-24　作者：张　峻

图3-25　作者：张　峻

图3-26　作者：张　峻

图3-27　作者：张　峻

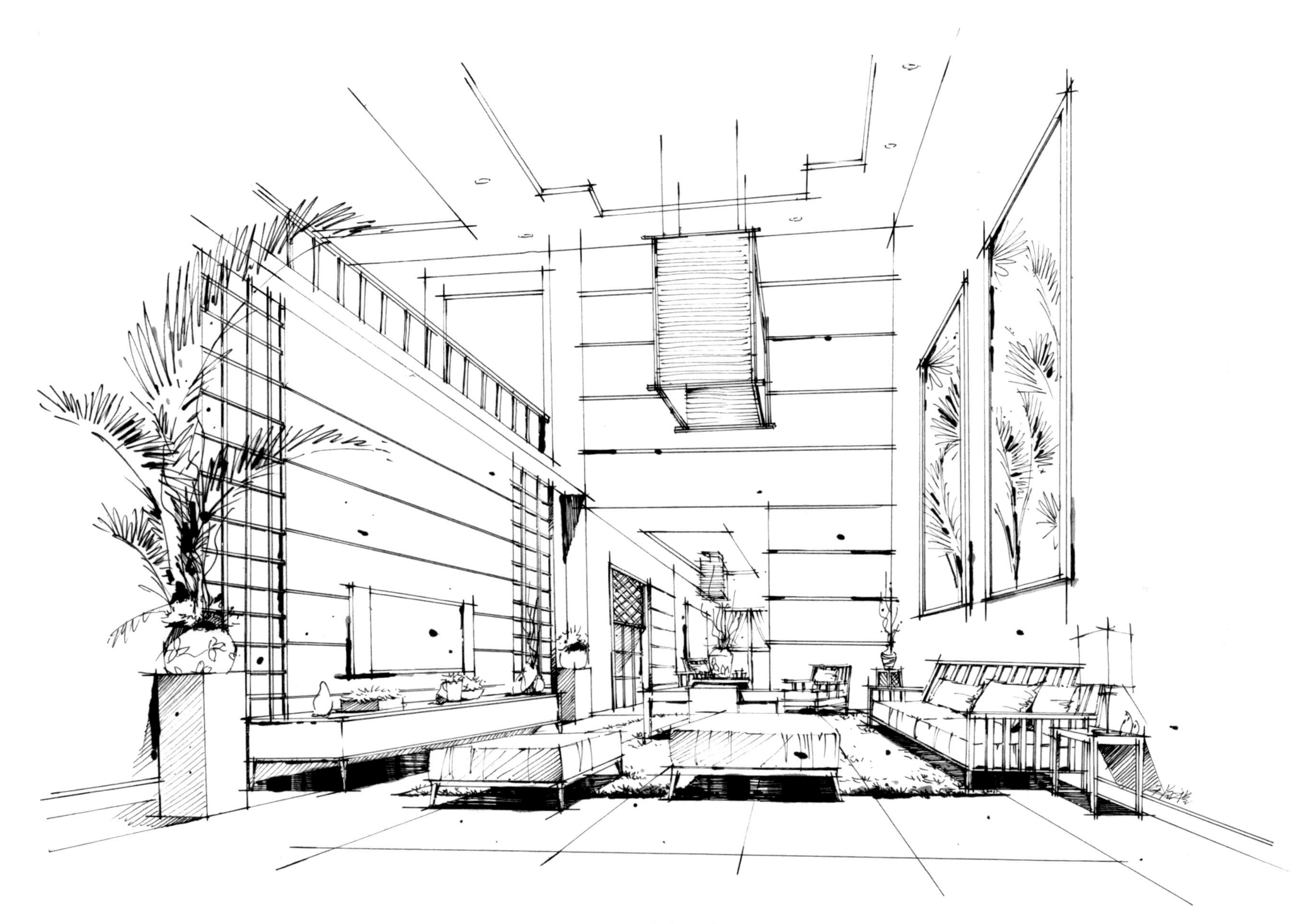

图3–28　作者：黄胤程

图 3-29 作者：黄胤程

图3-30　作者：黄胤程

图 3-31　作者：黄胤程

图 3-32　作者：庐山艺术特训营

图3-33　作者：庐山艺术特训营

图 3-34　作者：庐山艺术特训营

图3-35　作者：庐山艺术特训营

图3-36　作者：庐山艺术特训营

图3-37　作者：庐山艺术特训营

图3-38　作者：庐山艺术特训营

图3-39　作者：龚杏花

第四节　室内空间上色方法

一、家居案例（图3-40、图3-41）

步骤一：选择相对鲜艳的色彩对柔软的抱枕、沙发进行表现。

步骤二：确定整体色调后，选用灰色系对空间以及主体家具、地毯进行大面积铺色，强调出物体之间的前后关系、家具的体积感与阴影关系。

步骤三：细致刻画家具细节，注意画面的主次关系、光影关系、虚实关系。调整画面，使其整体、和谐、统一。

图3-40　作者：纯粹手绘

图3-41　作者：纯粹手绘

二、室内局部空间上色方法

（一）局部表达

空间与单体组合区别最大的便是空间的景深变化。如何完美地处理空间景深变化效果，有以下常见方法：

（1）空间前后的冷暖色调变化；

（2）空间前后的远近虚实处理，一般是前实后虚，刻画近处细节；

（3）空间前后的明暗过渡变化处理。

局部表达案例：画面首先需要注意整体色调效果，也要注意相似颜色的区分，注意细节与整体之间的微弱变化。这样才能体现出画面的前后、虚实关系。通过留白的手法对灯光效果进行塑造，压深阴影使物体的立体感、家具之间的层次感得以体现。（图3-42）

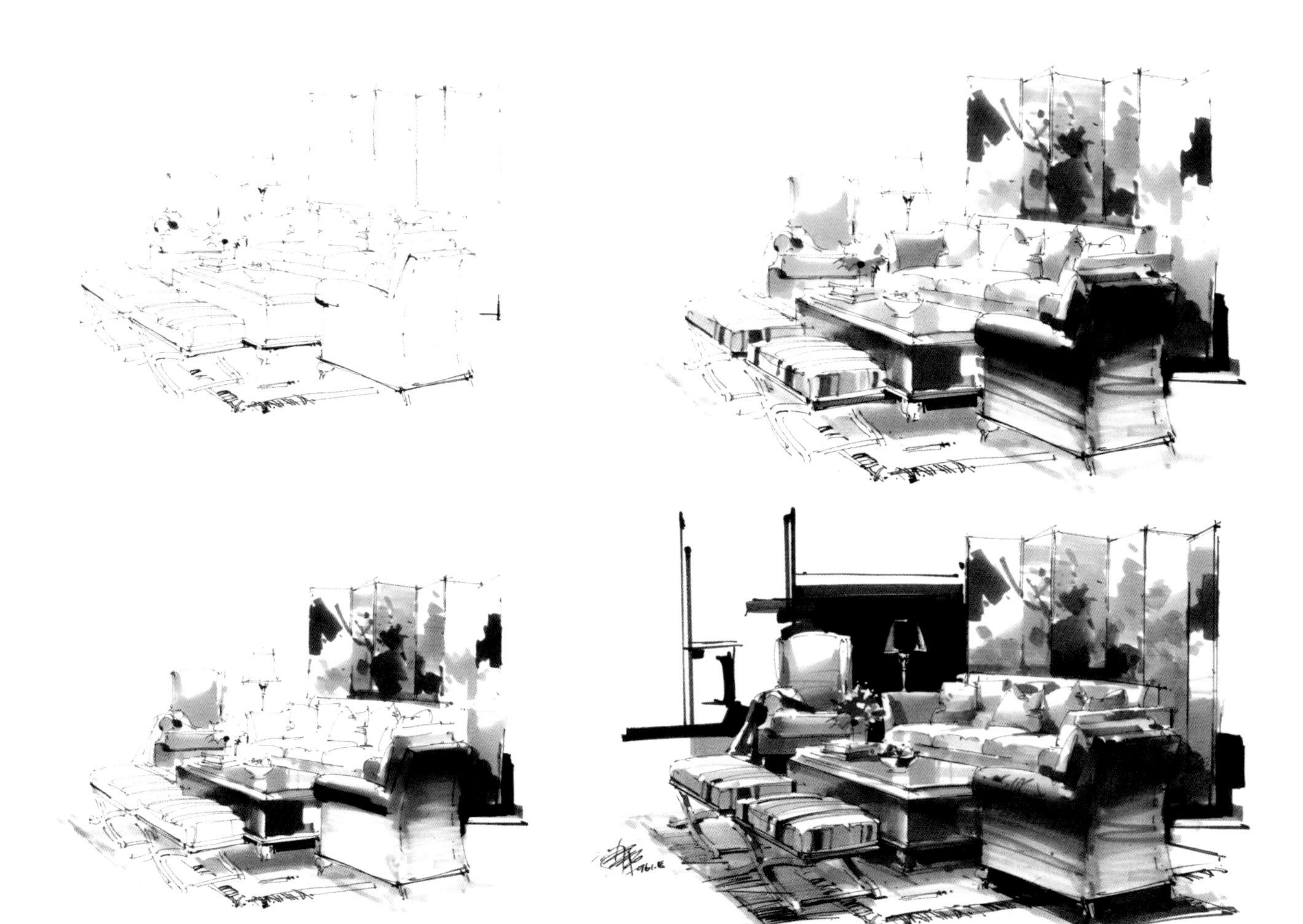

图3-42　作者：庐山艺术特训营

（二）卧室案例表达

卧室空间上色时，首先要把握住空间主要色调关系，做到色彩整体搭配，但微弱中又有冷暖、虚实的变化。由于整体空间家具数量相对较多，尤其要注意画面的色彩丰富性与统一性之间的关系与处理手法。在塑造单体的细节、质感、体积感的同时，塑造出物体间相互的层次、虚实、转折关系。（图3-43）

步骤一：刻画线稿，抓准空间透视关系，注重画面的构图美感、明暗关系、投影关系。

步骤二：对画面色彩关系进行思考，注重画面的素描关系与色彩关系。

步骤三：深入刻画，加强画面层次感，对画面的光影关系、环境关系进行调整。

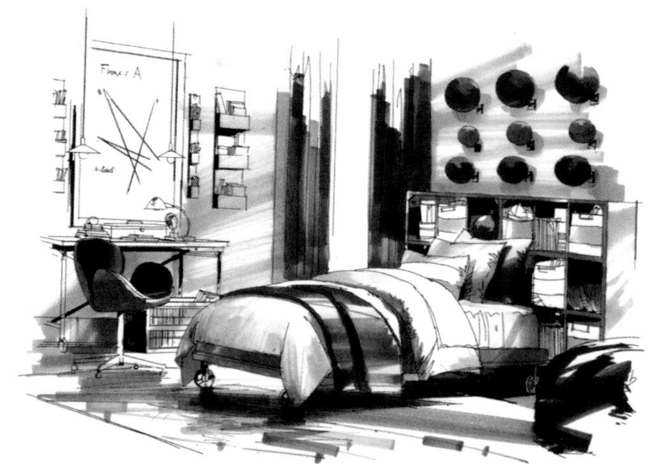

图3-43　作者：庐山艺术特训营

三、空间马克笔上色步骤

在室内空间上色方法中，首先需要思考、整理空间中的众多物品，对物体的色彩分布进行把控，分清空间中物体之间的主次关系，拉开空间中的前后、虚实变化。加强物体的立体感与体积感，对光阴、材质、环境进行进一步刻画。

（一）客厅上色步骤

步骤一：在空间线稿基础上，思考空间中物体的材质特征与色彩分布关系，从大面积物体开始入手，把握并表达出空间的大体色彩关系与明暗变化。(图3–44)

步骤二：处理好空间的景深变化，对墙体、天花、陈设进行表达。处理好空间的虚实关系、冷暖变化并加强阴影效果。(图3–45)

图 3–44

图 3–45

步骤三：画面基本成型后，对空间进行整体调整。刻画细节、质感、立体感，调整空间环境关系。(图3-46)

图3-46　作者：庐山艺术特训营

（二）餐厅上色步骤

步骤一：线稿的材质、纹理表达，空间黑白灰的处理，画面的平衡感处理尤为重要。马克笔上色可从大面积色块开始入手，渲染出空间整体色调的大关系与自然灯光照射的效果。(图3-47)

图3-47

步骤二：处理好材质纹理与质感，对空间整体色彩与氛围进行营造，处理画面景深效果与前后虚实关系。(图3-48)

图 3-48

步骤三：加深阴影，提亮高光，加入彩色铅笔扫尾，融合空间整体环境色彩，调整人造光表现效果。(图3-49)

图3-49　作者：庐山艺术特训营

（三）办公空间上色步骤

步骤一：处理好空间整体关系与家具陈设的颜色变化，由于办公空间色彩整体偏灰，思考色彩分配时需要处理好物体间的色彩细节变化，不要让画面偏灰。（图3-50）

图3-50

步骤二：整体效果出来后，丰富前实的细节，适当加入些鲜艳色彩的陈设配饰来丰富画面效果。(图3–51)

图3–51

步骤三：调整并加强画面的整体关系，加强画面的亮、灰、暗、投影关系。刻画人造光、环境色之间的关系，最后调整画面的色彩平衡感。(图3-52)

图3-52　作者：庐山艺术特训营

第五节　室内空间效果图欣赏

图3-53　作者：张　峻

图3-54　作者：张　峻

图3-55 作者：张 峻

图3-56　作者：张　峻

图 3-57　作者：黄胤程

图3-58　作者：黄胤程

图3-59　作者：黄胤程

图3-60　作者：黄胤程

图3-61 作者：黄胤程

图3-62　作者：张　峻

图3-63　作者：庐山艺术特训营

图 3-64　作者：纯粹手绘

图 3-65　作者：纯粹手绘

图3-66　作者：纯粹手绘

图3-67　作者：纯粹手绘

图3-68　作者：纯粹手绘

图3-69　作者：纯粹手绘

第六节　学生优秀作品欣赏

图3–70　作者：龙子康

图 3–71　作者：龙子康

图 3–72　作者：龙子康

图3-73　作者：龙子康

图3-74　作者：苏修颖

图3-75　作者：苏修颖

图3–76　作者：苏修颖

图3-77　作者：苏修颖

图3-78　作者：苏修颖

图 3–79　作者：苏修颖

图 3-80　作者：龚杏花

图3-81　作者：龚杏花

4

第四章　设计方案手绘表达

第一节　设计方案草图表现

一、设计草图的概述

（一）设计草图的本质

室内设计徒手草图是指在室内设计过程中，设计者徒手绘制的有助于设计思考的一种简短的且轮廓性的图，是思维与图形相互启发的产物。它只交代重要的要点、观点造型或布局，而不会去面面俱到地细致刻画，对于设计者来说，是探寻设计原始构思、解决设计问题的方式。（图4-1）

图4-1 作者：黄胤程

（二）草图的作用

1. 设计构思与信息的记录

设计者通过手绘草图的形式可以把头脑中浮现的设计想法和设计考察中的各种优秀案例快速地用笔记录下来当作信息资料和设计语言，为设计者积累更多的经验。这种方式对于提高我们的手绘表现能力和设计能力都有着很大的帮助：一方面，可以通过草图的训练锻炼我们的造型和表现能力；另一方面，随着记录内容越来越多，我们的想法也就越来越多，通过对资料的整合，就可以形成自己的设计理念，这样可以为日后的设计打下坚实的基础。这种记录不是客观的行为，而是设计者强烈的主观行为，包含了设计者对信息的思考、过滤和批判，是高度个人化的一种主观性诠释。(图4-2、图4-3)

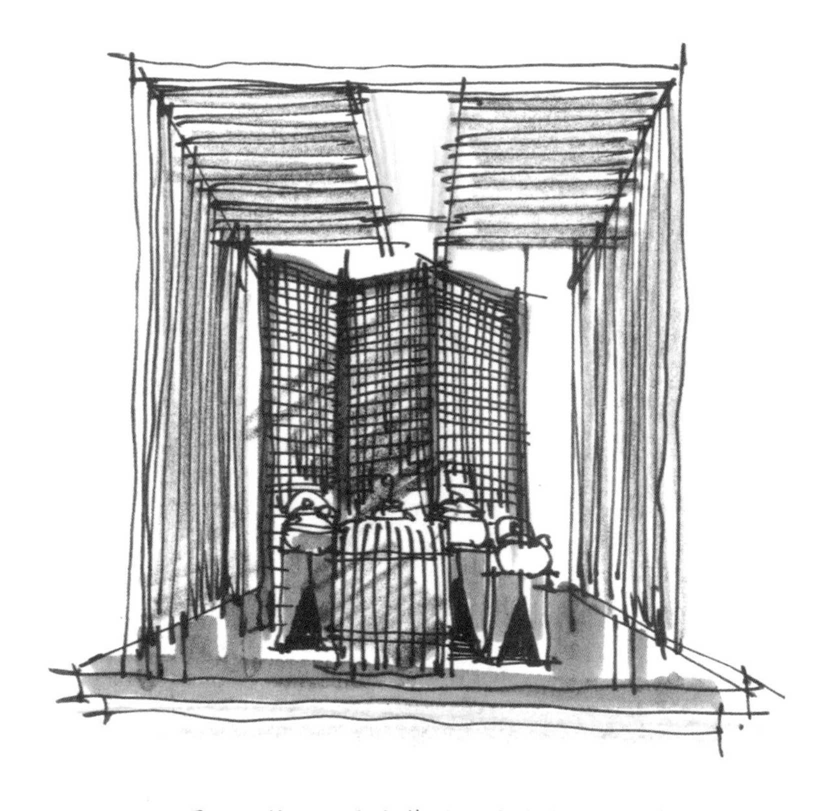

图4-2所示，这张草图主要是为了记录空间围合的手法，线条和色彩运用很简单。主要强调其造型特点。

图4-3所示，这张草图主要是为了记录沙盘展示区以及天花板灯箱的造型。技法运用很随意，主要强调其材质颜色及灯光的位置，其余部位画得非常概括，甚至于完全省略。

2．设计思维的表达与分析

设计方案不是一蹴而就的，要通过不断地分析与修改才能更加完善。草图的表达与分析作用主要体现在将设计师的一些模糊的想法快速地在纸上表达出来，变成可视化的设计语言。这些表现大多是概念性的，所以基本没有很深入的细节，甚至有的造型轮廓也不是十分明确，其目的在于表现大体的设计构思和内容。有了这个可视化的设计语言我们就能更好地根据这个整体进行推敲、分析，再逐步深入、完善。

这个阶段的草图是设计者脑海中的一个发散的设计构思，这种构思往往是转瞬即逝的，所以表达的方式很随性、快速，这一般不会是最终的方案，有着许多的不确定性。但是通过草图将这些想法表达出来后，设计者们就可以在此基础上进行设计的分析、深化，使其进一步得到完善。（图4-4、图4-5）

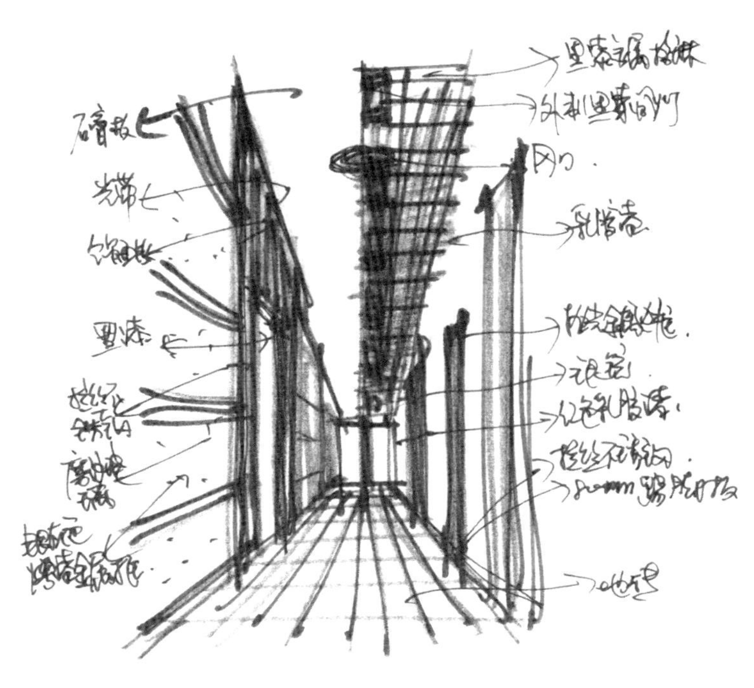

图 4-4

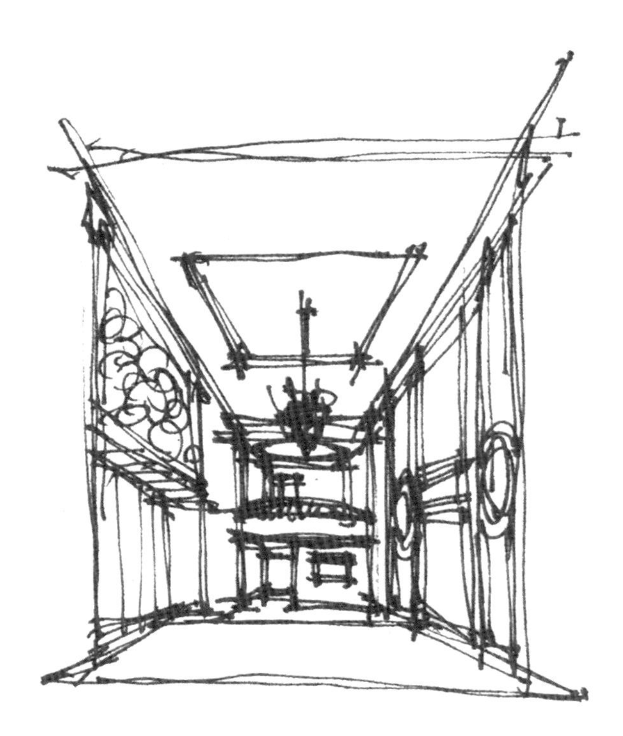

图 4-5

3．交流

交流可以理解为与公司同事、客户、施工方探讨方案的过程，在这个过程中口述的方式通常难以达到想要的效果，我们往往需要借助一些图形化的语言，而电脑效果图由于自身的特点不能在短时间内绘制出来，所以就需要通过手绘草图的形式来进行。我们可以跟甲方一边口述一边描绘想法，并根据甲方的需求不断修改完善设计，同时展示给甲方，这样可以大大减少设计方案修改的次数，提高设计效率；我们也可以将设计方案以手绘草图的形式绘制出来，方便同事进行施工图或电脑效果图的绘制；同时我们也可以利用手绘绘制一些结构的节点详图，将设计工艺传达给施工方。(图4–6、图4–7)

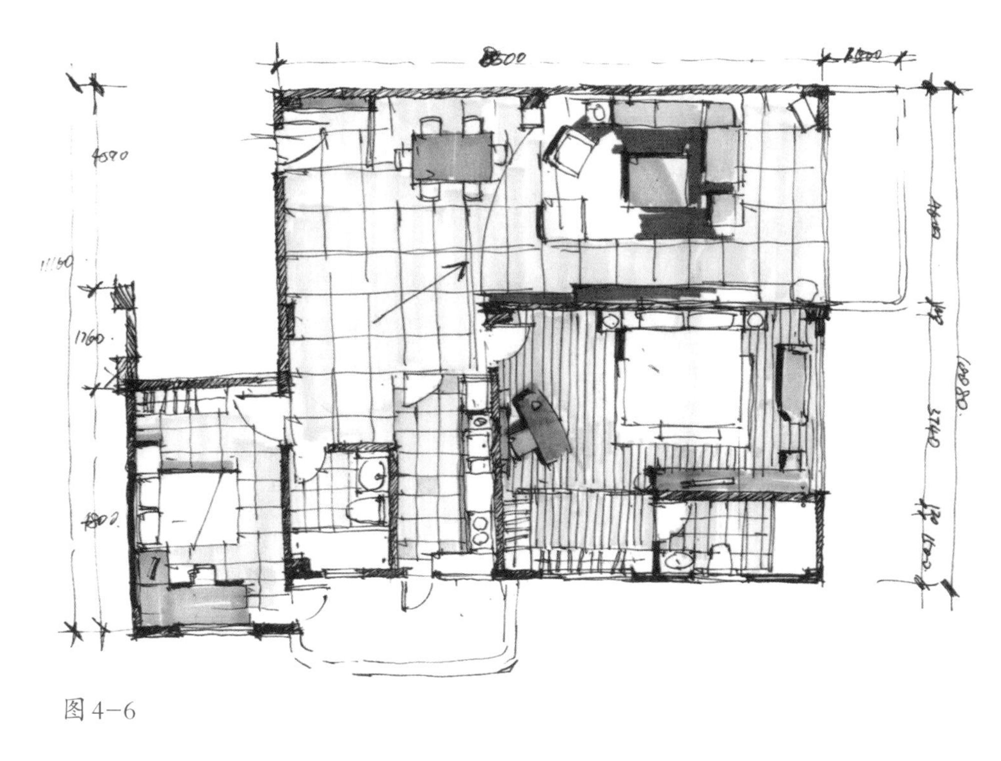

图 4–6

图 4–7

二、不同阶段草图表现形式

（一）方案构思阶段

这一阶段的草图主要是头脑中模糊思路的记录，这个记录虽然可能是简单的几笔，但是是从整体的空间结构关系和重要的空间区域或界面入手，以解决核心问题、确定设计理念、风格。这一阶段的草图非常随意，可以是潦草的功能布局，一些概念性的空间划分，也可以是一些符号化设计元素的想法，它强调的是设计理念和思路的表达，不需要过多的细节、不在乎画面表现的好坏。(图4-8、图4-9)

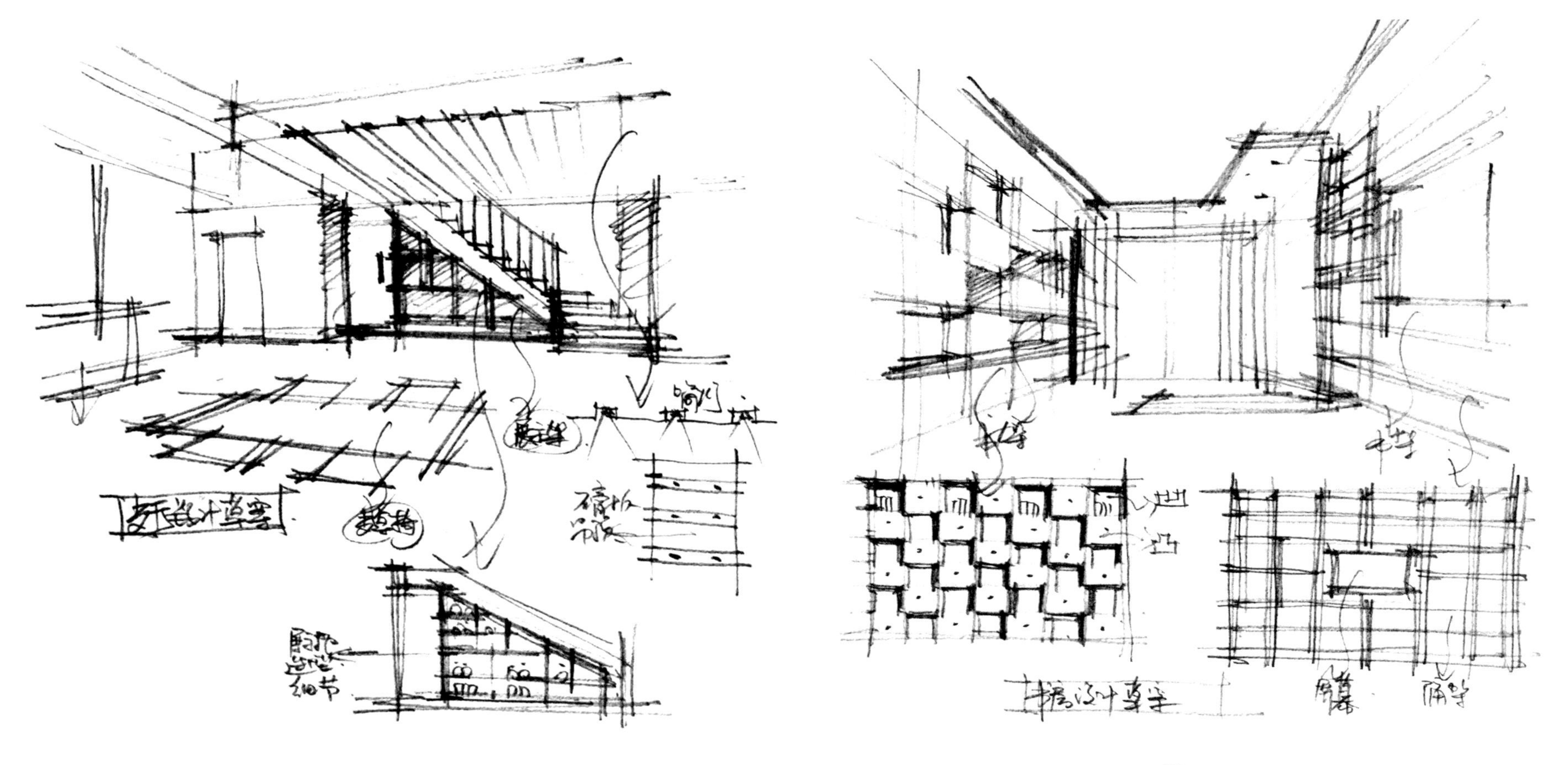

图 4-8　　图 4-9

（二）设计调整阶段

通过对上一阶段草图的推敲、深化和与甲方的沟通，设计思路会越来越明确，设计方案也会越来越深入，草图方案会完善并形成设计初稿。这一阶段的草图，空间、形体相对明确，有一定的色彩搭配，可以作为与相关人员交流和讨论的依据，为绘制后期成品效果图打下良好的基础。（图4-10、图4-11）

图4-10

图4-11

三、不同工具的表现形式

（一）铅笔草图

铅笔草图讲求的是“粗犷”的效果，不需要表现出丰富的细节。在绘制时应充分发挥铅笔的特点，根据压力的不同绘制出不同的深浅变化，即使是画一根线条，也不能自始至终以均衡的力度一贯而下，同时也可以表现出一定的阴影关系。（图4–12至图4–14）

图4–12

图4–13

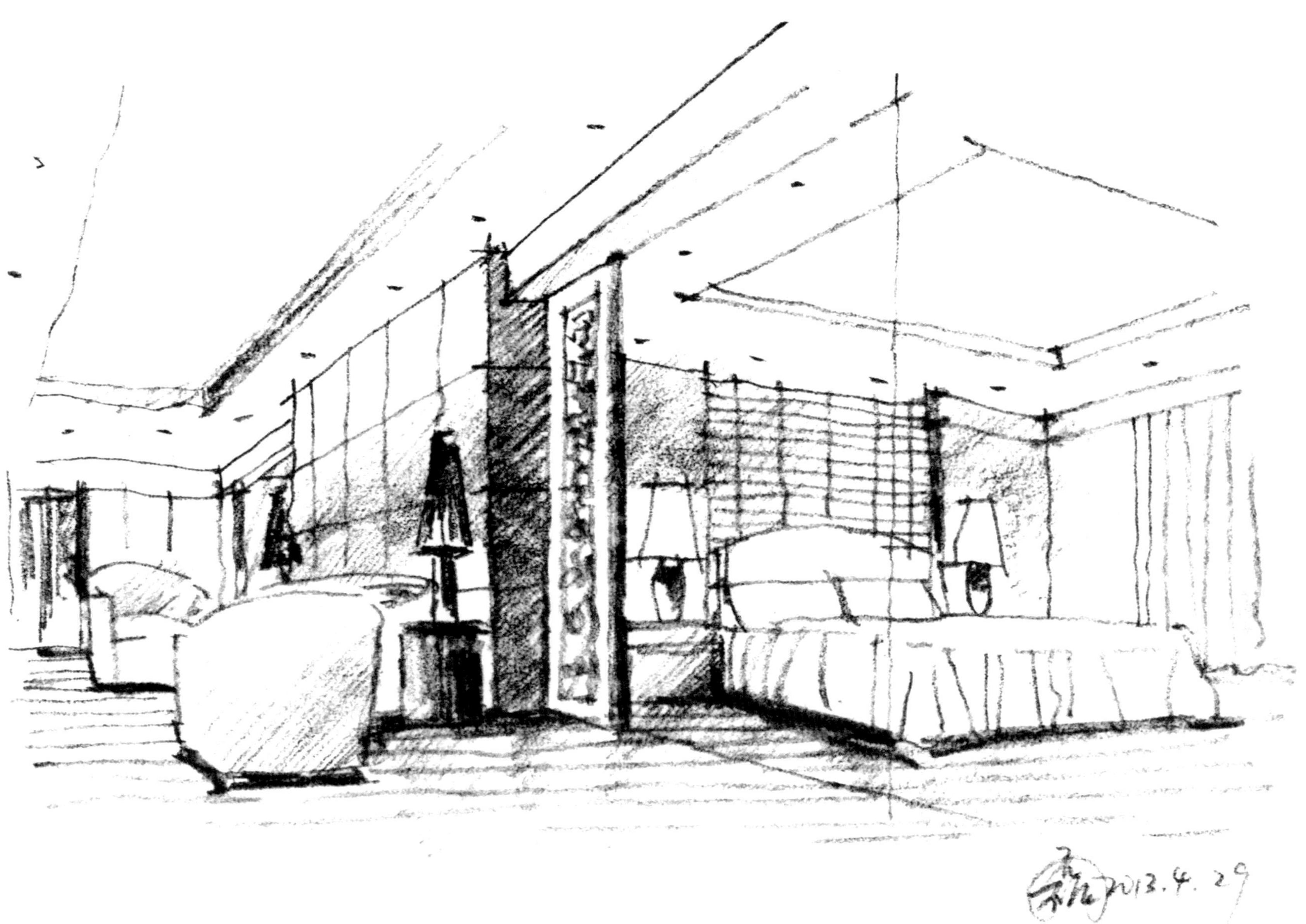

图4-14

（二）针管笔草图

针管笔草图的特点是快速、干脆、富有动感，它主要是以线条的不同表现方式来体现对象的造型。由于针管笔的线条难以修改，所以我们在绘制时要安排好画面的各个部分，做到胸有成竹，要处理好画面的主次关系，主要部位可以进行深入的刻画，次要部位可以大胆的概括。在用线的时候要注意线条的流畅感，处理好线条的疏密关系。（图4-15、图4-16）

图4-15　作者：律吕谱

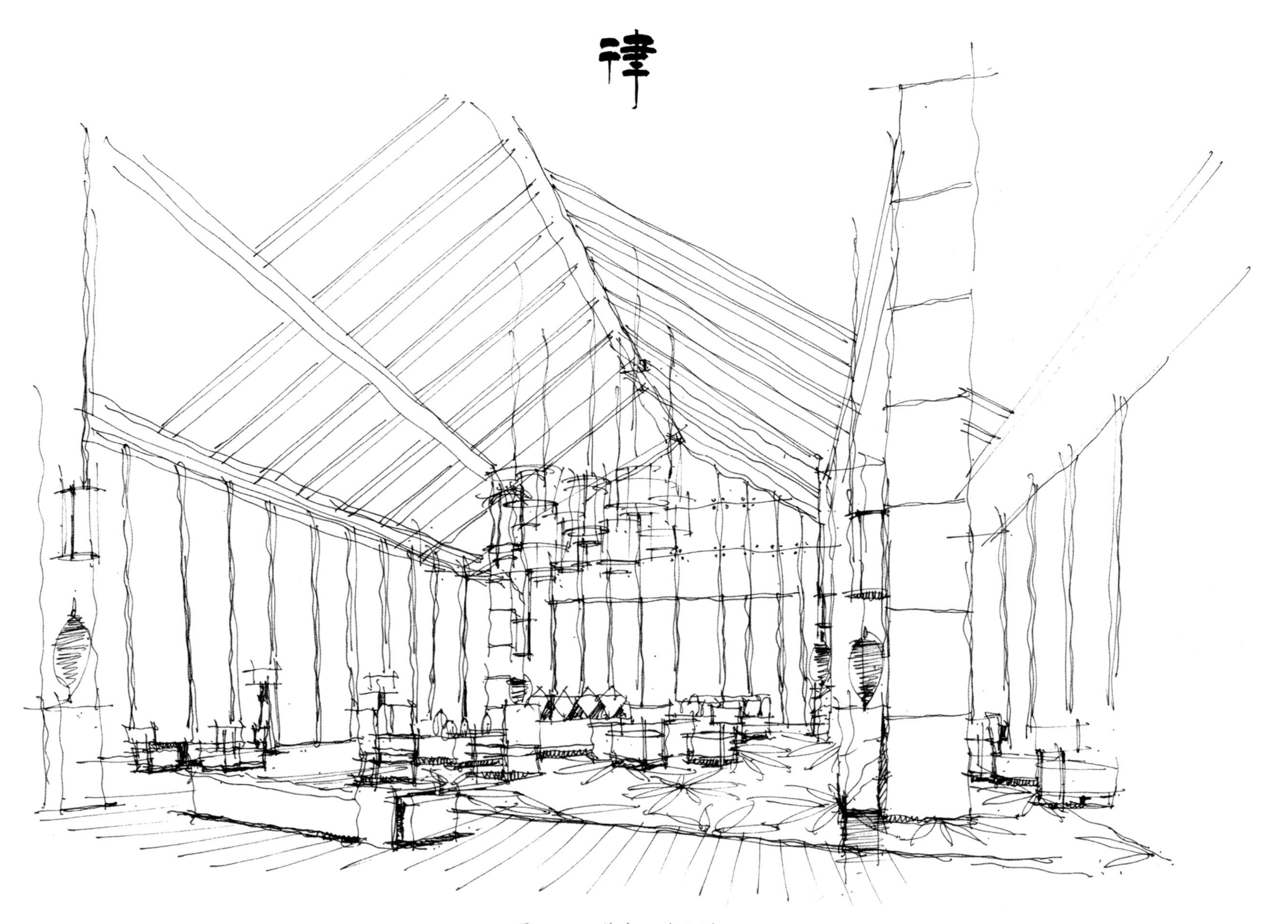

图4-16　作者：律吕谱

（三）马克笔草图

马克笔草图的特点在于除了可以表现出空间、界面及物体的造型，还可以表现出其色彩的搭配。通过马克笔也可以强调画面的光影效果、增加画面的层次感、突出画面的主体。（图4-17、图4-18）

图4-17　作者：律吕谱

图 4-18

第二节　草图作品展示

图4-19　作者：张　峻

图4-20　作者：黄胤程

图4-21 作者：黄胤程

图 4-22　作者：律吕谱

图 4-23　作者：律吕谱

图4-24　作者：律吕谱

图 4–25

图 4-26

第三节　平面图及立面图画法

一、平面图画法

平面图是室内设计的第一步，也可以说是最重要的一步。现在绝大多数设计师还是停留在利用AutoCAD和Photoshop等软件来表现平面图的层面上。那样表现出来的平面图太过平常，很难再给甲方眼前一亮的感觉，难以打动甲方。手绘平面图是一项性价比极高的技能，因为它绘制出来的效果图非常灵活、生动，而且并不比利用软件绘图的难度高，现在很多高端方案都是用其来表现。(图4-27至图4-30)

练习手绘可以先从一些局部的家具组合开始，需要注意的是一定要强调出家具的阴影，这样才能拉开层次。

平面图绘制的原则就是注意立体感、区分出家具和地面的两个层次。具体的步骤可以分成以下几步：

(1) 画出物体的投影增加立体感。

(2) 表现出地面的材质，拉开家具和地面的两个层次。在表现地面材质的时候要注意光影的表现。

(3) 适当表现出家具及陈设的色彩变化。

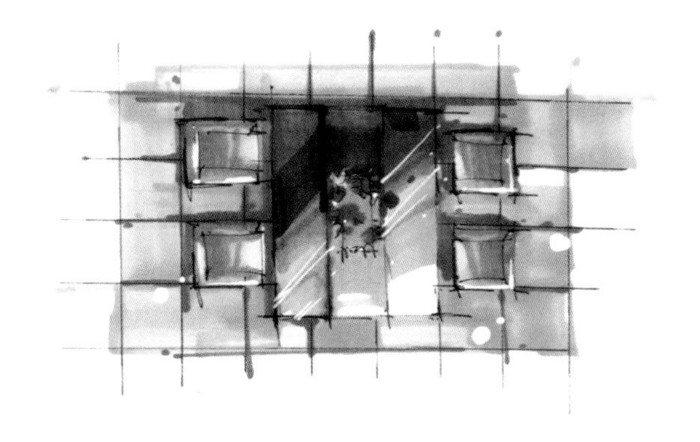

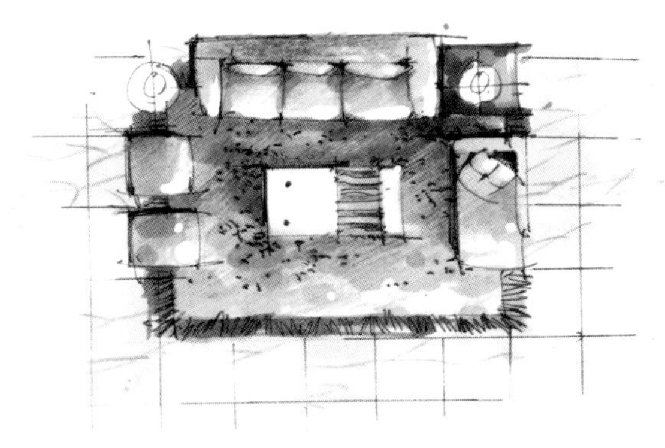

图4-27　作者：卓越手绘

图4-28　作者：黄胤程

图 4-29　作者：连柏慧

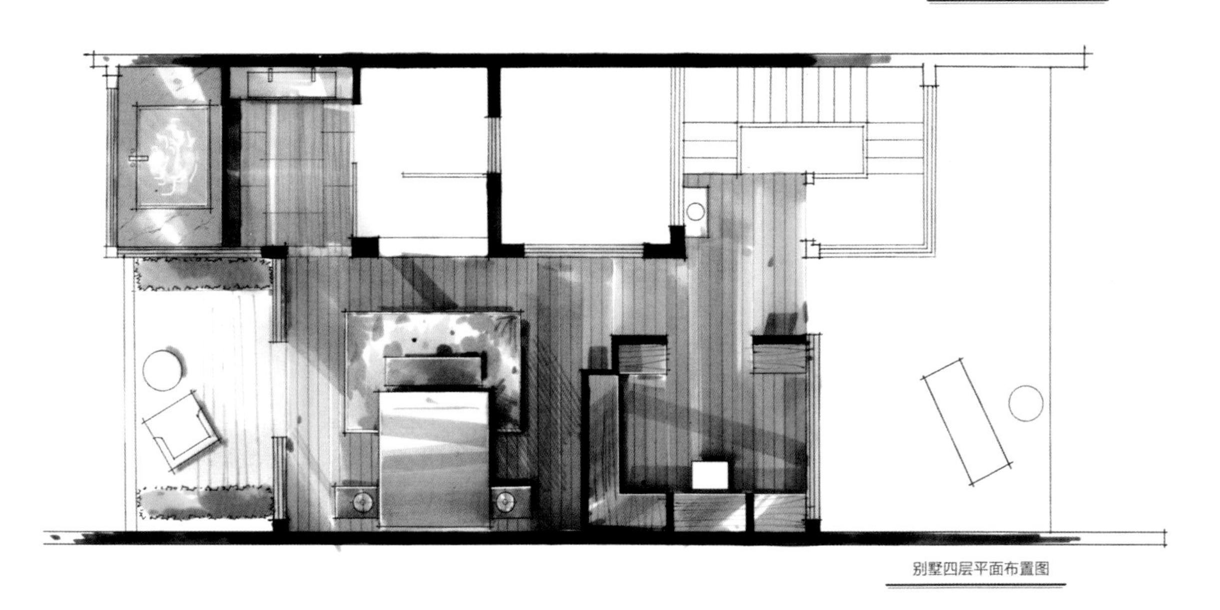

图4-30　作者：连柏慧

平面图绘制的方法和风格有很多种，我们可以根据自己的绘画习惯来选择适合自己的表现风格，只要保证能够画出一定的立体感并拉开家具和地面两个层次即可。(图4-31)

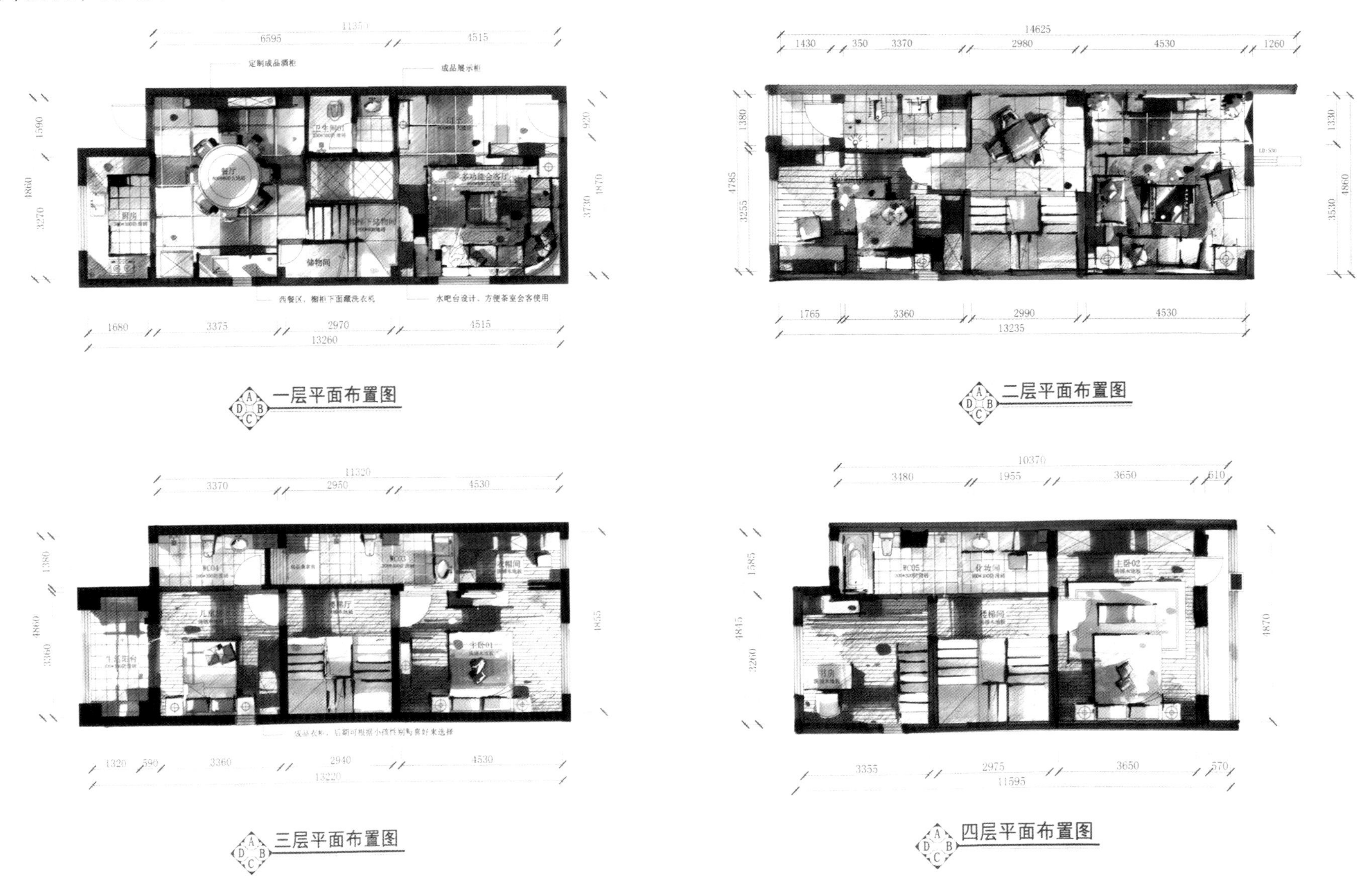

图4-31　作者：卓越手绘

二、立面图画法

绘制立面图的时候要注意画出墙面造型的阴影来体现墙面的凹凸变化，要表现出不同墙面的材质变化，同时还要注意立面图的家具、陈设的表现，没有陈设的图纸会显得非常冰冷。(图4-32)

图4-32　作者：黄胤程

图 4-33　作者：卓越手绘

图4-34　作者：卓越手绘

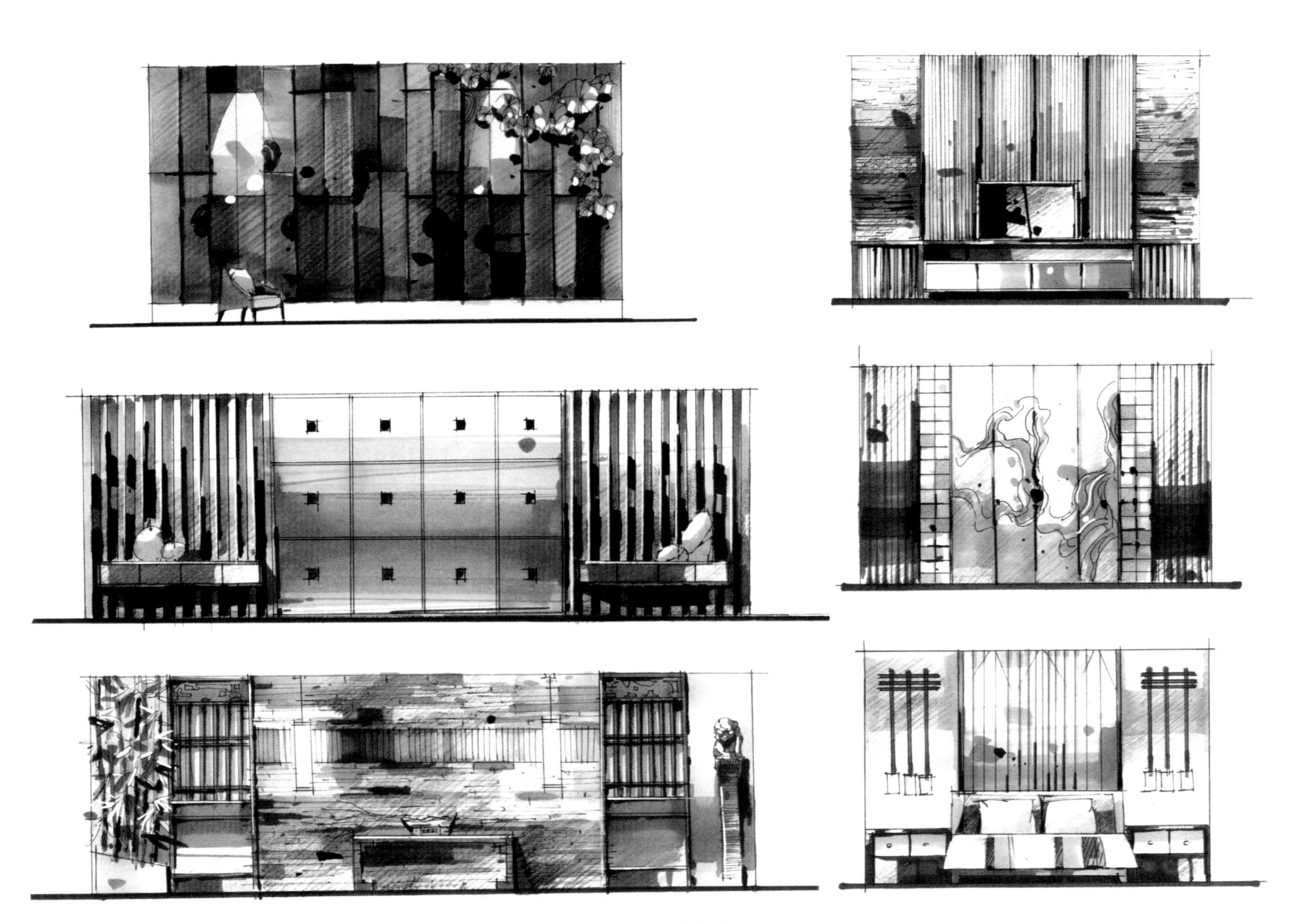

图 4-35　作者：卓越手绘

第四节　手绘在具体设计实践中的运用

室内设计手绘一定要具有实用性，对于绝大多数人来说学习手绘并不是希望能够画出一幅幅艺术作品来，而是希望能够利用手绘更好地进行设计。我们从一个具体的设计案例来看在室内设计的各个阶段是如何运用手绘工作的。

一、设计准备阶段

利用手绘对现场情况进行记录，绘制出平面图、局部立面图，并记录量房数据。(图4–36)

二、初步设计阶段

这一阶段开始可以用一些简单的图形代替一个个的功能空间，这样方便我们罗列所要的功能空间、组织空间序列。空间序列完成后我们对每个空间的形状、大小、分隔方式、家具的布置进行一些草图的绘制。通过对这些草图的分析、推敲以及与甲方的沟通，形成最终的平面方案，并完成手绘平面图。(图4–37)

平面图完成后开始对空间及各界面进行设计，绘制出相应的设计草图。(图4–38)

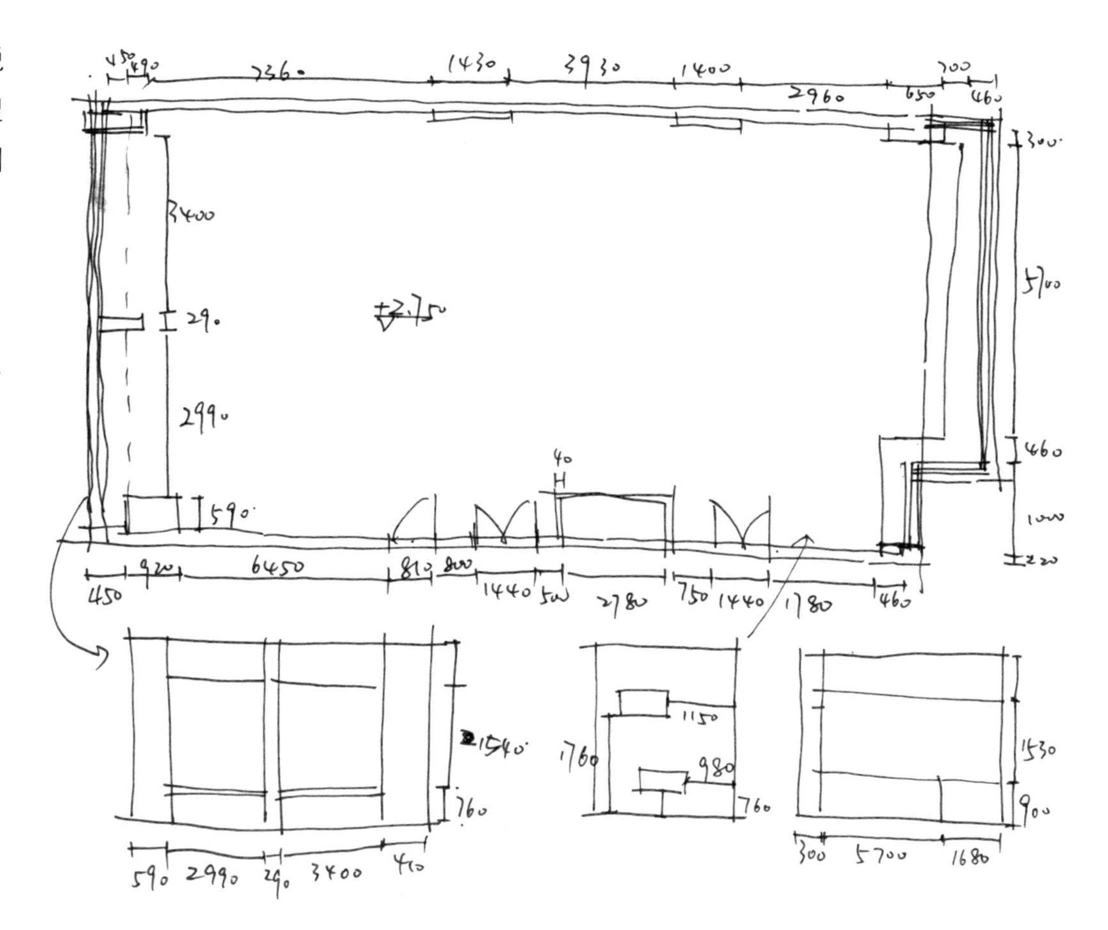

图4–36

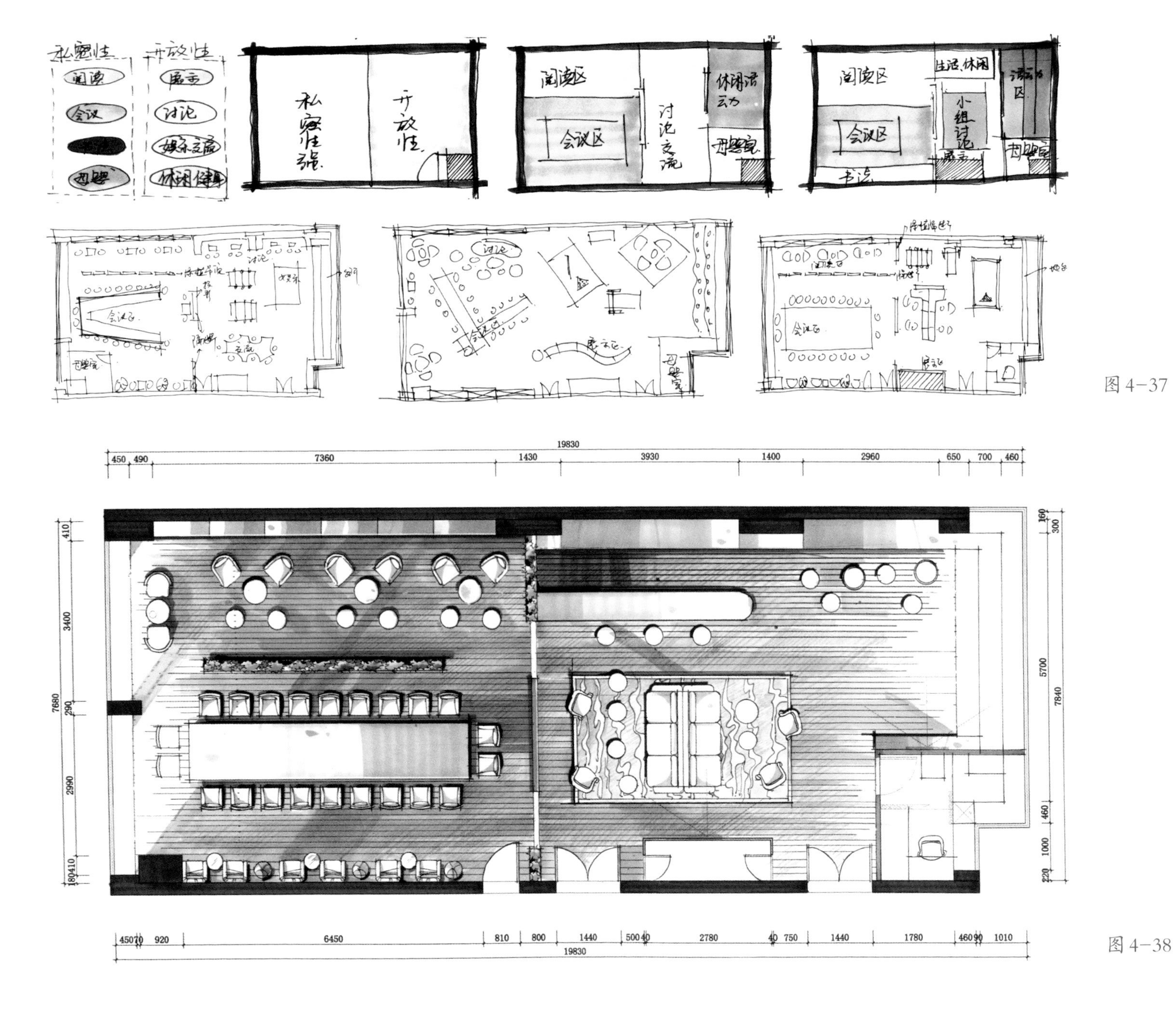

图 4-37

图 4-38

三、深化设计阶段

在立面及空间草图的基础上进一步深化完善，形成最终的设计方案。(图4-39至图4-42)

图 4-39

图 4-40

图 4-41

图 4-42

5

第五章　快题设计解析

第一节　快题设计概述

一、室内快题设计的概念

快题设计顾名思义就是在较短时间内快速根据题目所给条件将自己的设计思维和创意用徒手表现的形式记录下来，并加以完善，形成一个能反映设计思想和理念的设计方案。

目前，室内快题设计无论是在设计师，还是设计专业学生中的应用都是非常广泛的，它是做设计时最常用的一种表现手段之一。由于具有快速创意、快速表现的特点，在专升本考试、研究生入学考试乃至设计院入职和设计师岗位考核中常把它作为考查其综合设计能力的一种手段。

二、室内快题设计特征

室内快题设计究其特点就是一个“快”字，即审题和把握设计要求快、创意定位快、整理要素和草图表现快、方案完成快等。

审题和把握设计要求快：快速阅读题目，读懂题目要求，包括：空间结构环境及尺寸、使用者的特点及喜好、空间类型、功能要求和特殊要求等。

创意定位快：快速根据题目要求确定整体设计思路和主题风格，完成创意概念的定位。

整理要素和草图表现快：根据设计思路和主题风格筛选设计元素，对这些元素进行变形、整理，用铅笔快速绘制出设计草图并进行版式设计。

方案完成快：根据草图方案用勾线笔快速将平面图、立面图和效果图的线稿完成，并用马克笔和彩色铅笔上色，完成设计说明等。

三、室内快题设计的表达原则

（一）完整性原则

1. 题目要求完整性

考试中阅读题目既要快也要确保仔细、完整。阅读题目时，可以将重点要求标记出来，并在卷面中完整地体现出来，切记不能忽略或误读题目中的要求，任何一个遗漏或误读点都会成为阅卷老师的扣分点，从而影响卷面总分。

2. 功能布局完整性

在平面布局设计中，不同类型的空间需要不同的功能分区，每个题目不会将该空间所需要的功能分区一一列出，这就需要我们在充分把握题目要求的同时，结合我们平时所学的相关理论知识，完成一个布局完整、合理的平面布局设计。

3. 画面效果完整性

在快题设计时最忌讳的就是在规定的时间内没画完，没画完就意味着快题不合格，因此我们在绘制快题时无论是在线稿还是上色的时候都要将整个画面当作一个整体，不能将局部的效果图、平面图或是立面图孤立起来，要时刻保持画面的完整性，绝对不能盯着某一个图进行非常详细的刻画而浪费大量时间，从而忽略了整体画面的完整性。考试中无论题目难易都要尽量完成整个快题，不能半途而废。

（二）整体性原则

1. 设计的整体性

室内快题设计主要由效果图、平面图、立面图、设计说明等四个部分组成，所有图纸在设计风格、色调和表现技法上都要协调统一。平面布局设计上主次关系明确，各功能空间既要有相对独立性又要有一定的连贯性，从而达到和谐统一。在效果图的表达与设计上，注重突出设计主题，注重软装与硬装风格搭配的统一性。立面设计表现要与效果图一致，立面图与效果图是一个有机整体。

2. 构图的整体性

构图和版式对画面的总体效果有着非常重要的作用，好的构图，最终目的是使版面有条理性，更好地突出主题，达到最佳的诉求效果，一个完整而美观的排版能为画面润色不少。构图时要处理好快题各个部分在画面中所占的比例，要做到主体突出、主次分明，切记不可太过平均，要让读者以最快的速度、最便捷的方式找到他所需要的信息。在构图时，还可以通过标题、功能分析图、设计说明、与客户沟通的提纲等次要构成要素来衔接各画面要素，使其形成一个完整的整体。

3. 表达的整体性

效果图、平面图和立面图在表现技法上的运用要一致，由于时间关系，很多同学会将效果图画得很精细，导致后面时间不够，平面图和立面图就草草上色完事，这样就会导致整体画面的重心失去了平衡上，偏向效果图那一边；色调上要和谐统一，平面、立面和效果图其实是用不同表现手法在表现同一空间，那么同一空间的色彩必然是一样的，所以表现在画面上也应该是和谐统一的。

（三）准确性原则

1．设计要求准确性

一些题目要求是画出效果图、平面图和立面图等，而有一些题目则只要求画出平面图和效果图，而且规定了只要画出局部的平面图，还有部分题目除了要写设计说明外还要写出与客户沟通的提纲，所以在设计内容的表达时一定要准确对应题目的要求，不要在一些无谓的地方浪费时间或是漏掉了某些重要内容；一些快题会对平面图的总体尺寸、入口和窗户的位置、层高、需要的功能分区及设计主题都进行了较为详细的说明，那么在设计时就必须严格按照题目的要求来进行，合理准确设计；一些快题会针对客户的背景资料有详细的说明，那么在设计时就必须针对该客户进行设计，不能想当然。

2．技法表现准确性

技法表现的准确性：首先，要通过不同的技法准确地表现出不同的空间性质，比如书吧和酒吧，两个空间的氛围不同导致其对空间色调的要求也完全不同；其次，要通过不同的技法准确地表现出不同材质的质感，比如地砖和地毯，要通过马克笔的笔触将两者强烈的硬度反差表达出来，再比如玻璃的强反光和地毯这类基本没有反光材质的表现在技法上都有很大的差别。因此我们要打好基础，熟练地掌握各种表现技法，只有这样到了考试的时候我们面对不同的题目才能做到游刃有余；最后，在技法上还有一个问题就是笔触大小位置很难控制，容易出现表面粗糙、不准确的情况，尤其在素描纸上更不好把握，解决这一问题需要多练习，熟能生巧。

3．凸显性原则

综合各校考研快题情况分析得知，考试试题越来越具灵活性，单凭几个模板来应对考试已经不具竞争力。因此，在快题设计中，在掌握基础技法的前提下，需要在设计上凸显主题和考生个人设计想法，在设计风格上可更偏向于与所考学校偏爱的风格，一般八大美院的考题难度偏大，非常注重考生设计思维的灵活性和创新性，综合性院校目前还是比较倾向于中规中矩的风格，但也不能忽视方案设计的重要性。（图5-1）

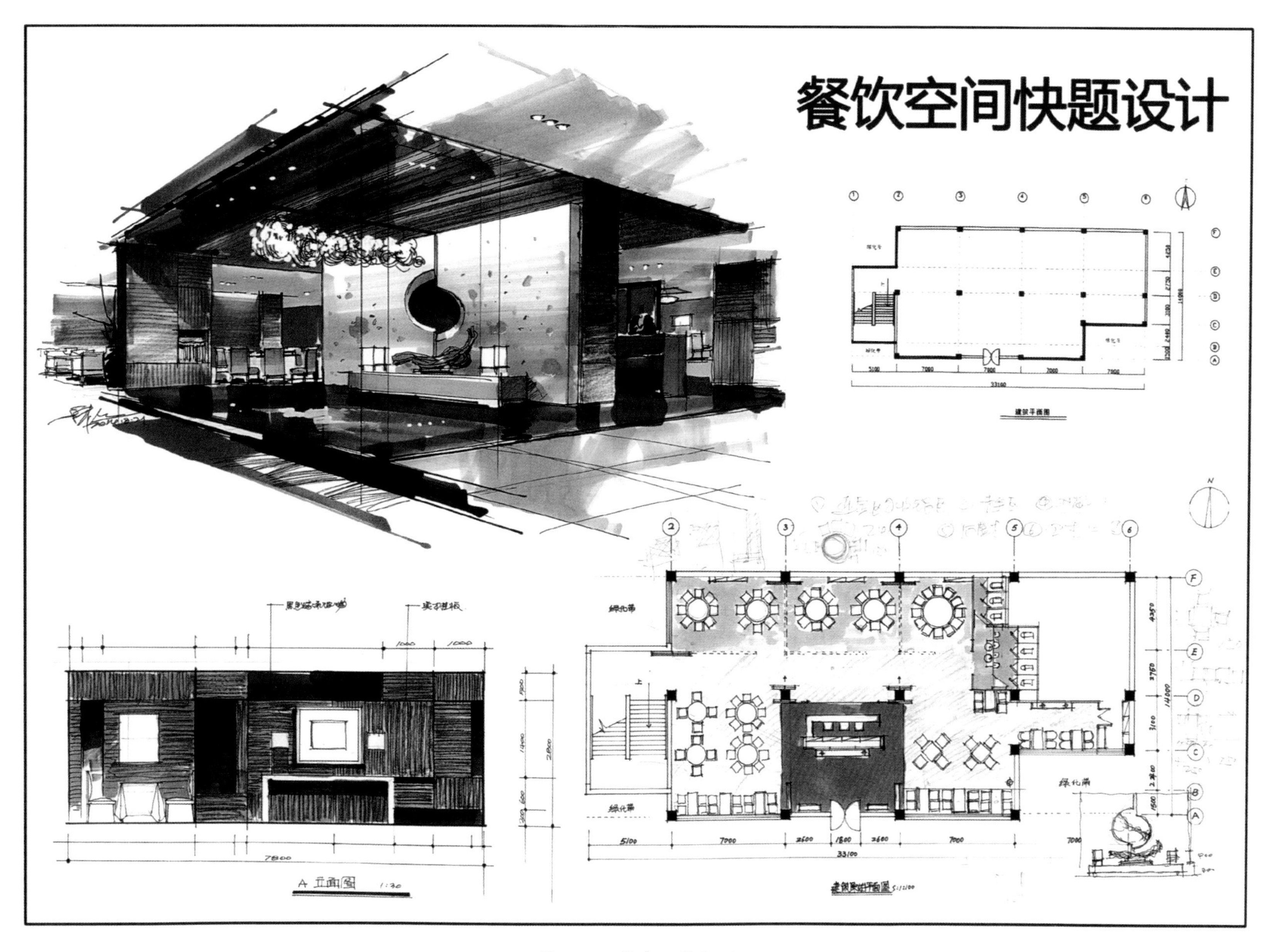

图5-1　作者：陈红卫

第二节 室内平面图及立面图快速表现

一、平面图快速表现

平面图快速表现的关键就是快速区分出地面和地面上的家具这两个层次。第一步就是用黑色画出家具到地面的投影，有了投影家具的立体感就出来了；第二步就是根据光影效果表现出地面的材质。通过这两步就可以很好地拉开地面和家具的两个层次。如果时间允许可以稍微给家居加上阴影，有些家具可以不上颜色。(图5-2)

二、室内立面图快速表现

立面图的表现手法和平面图类似，重点是利用物体的投影和光线来表现出光影效果，我们在表现立面图时不能把它当作一个平面的图来表现，一定要有立体感，这样画面才生动、层次感才丰富。立面图对于材质的体现也是非常重要的，我们可以根据材质表面的纹理和不同的笔触来表现出不同材质的质感，有的时候需要结合彩铅完成。(图5-3)

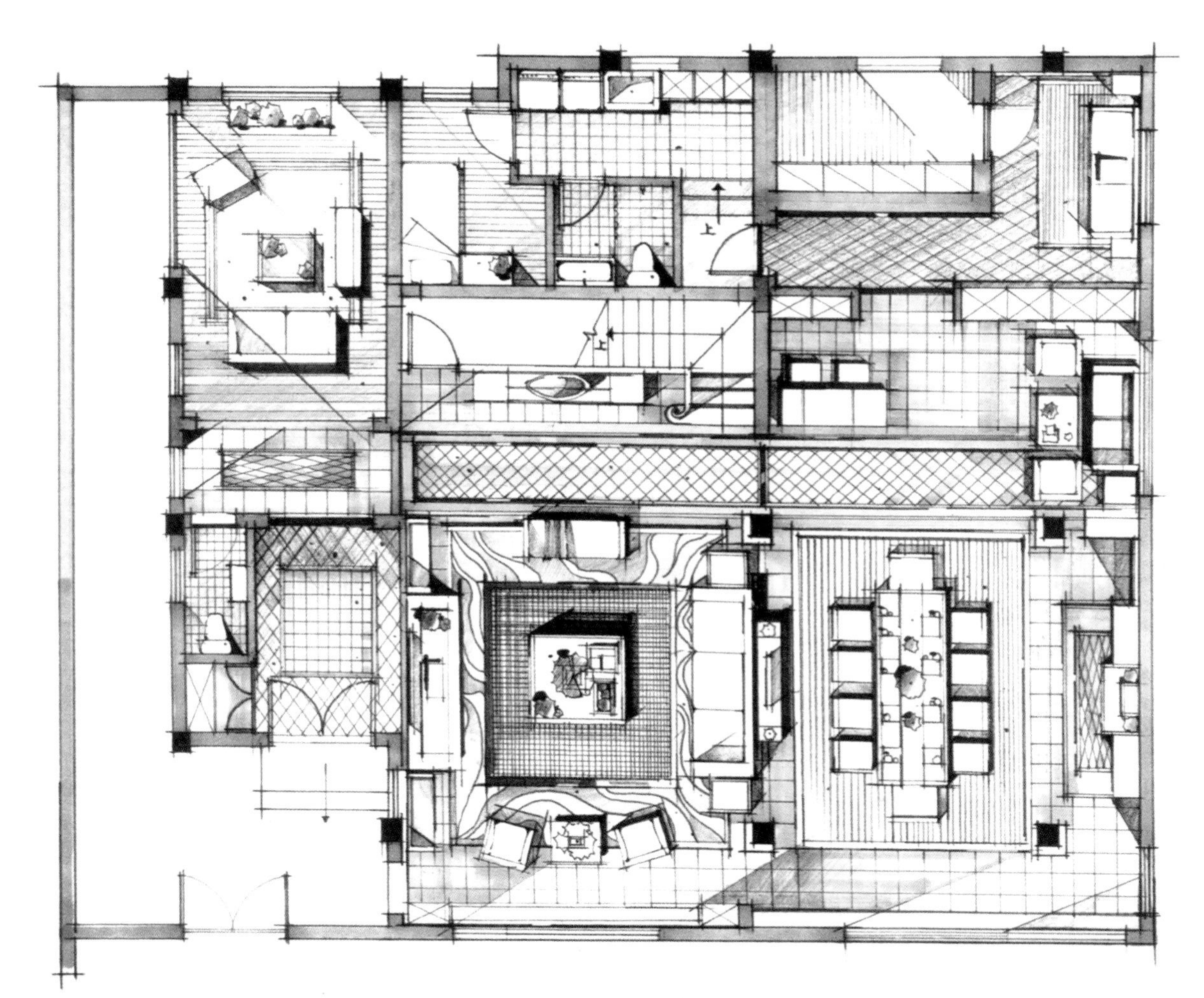

图5-2 作者：卓越手绘

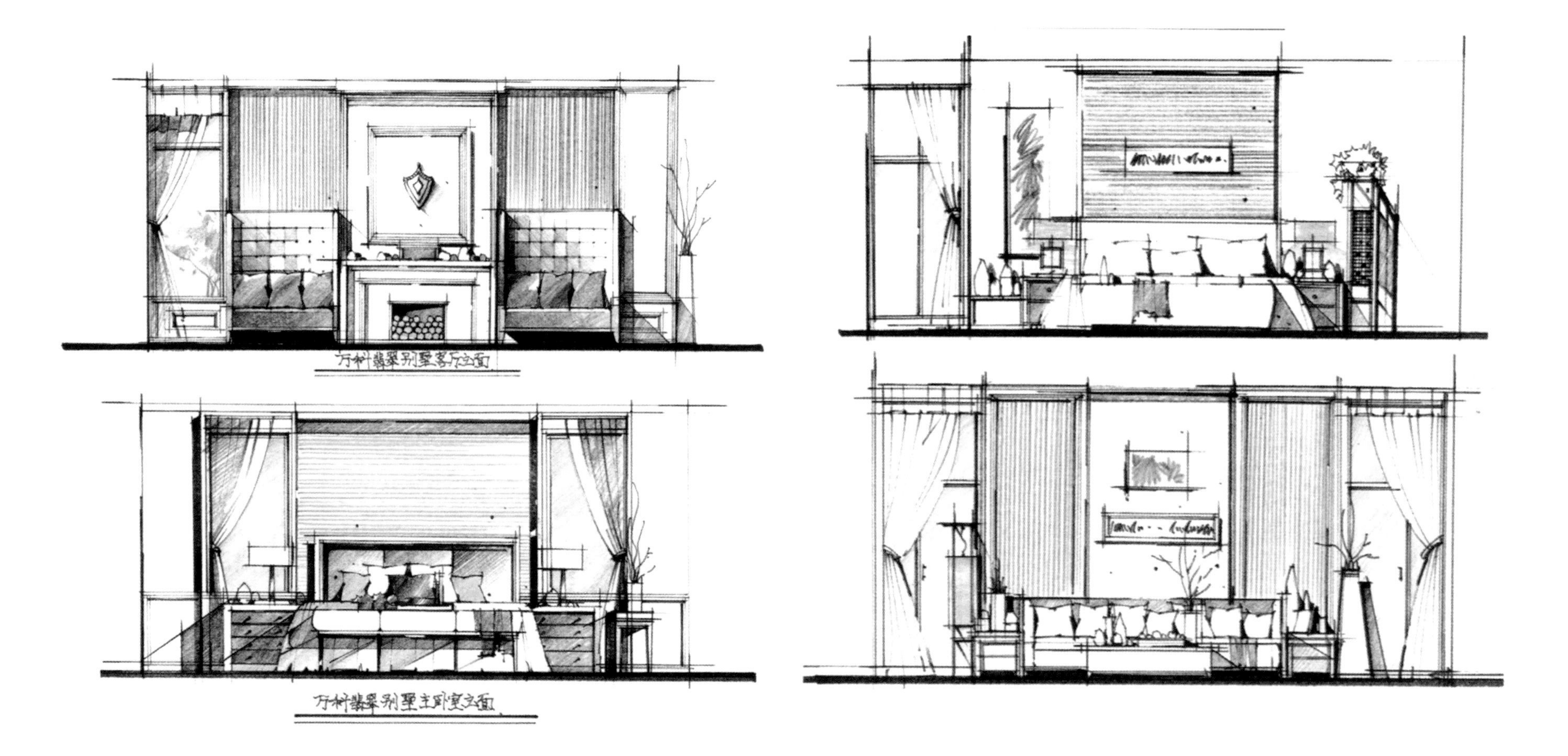

图5-3　作者：卓越手绘

第三节　快题优秀作品

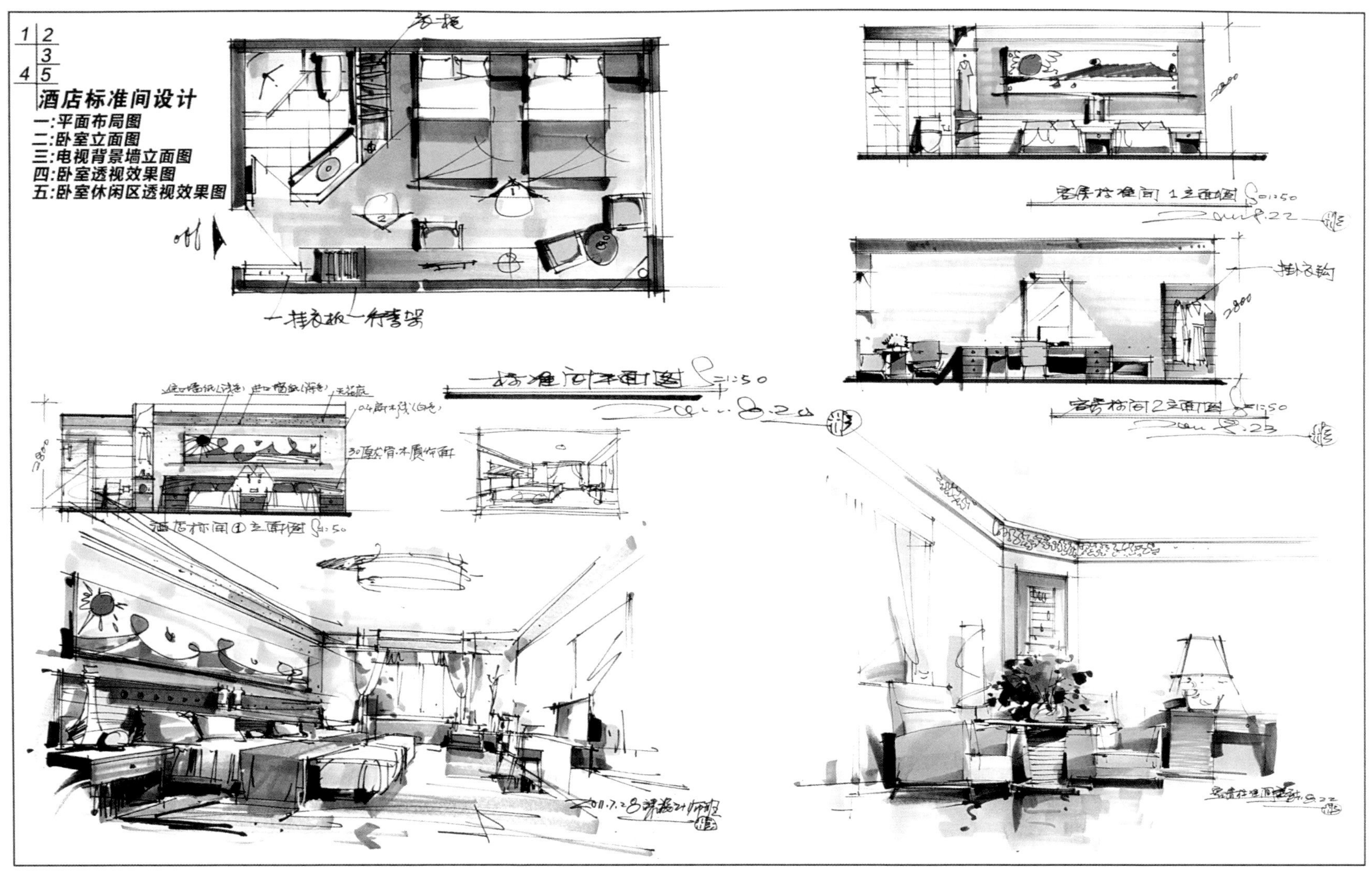

图5-4　作者：杨建

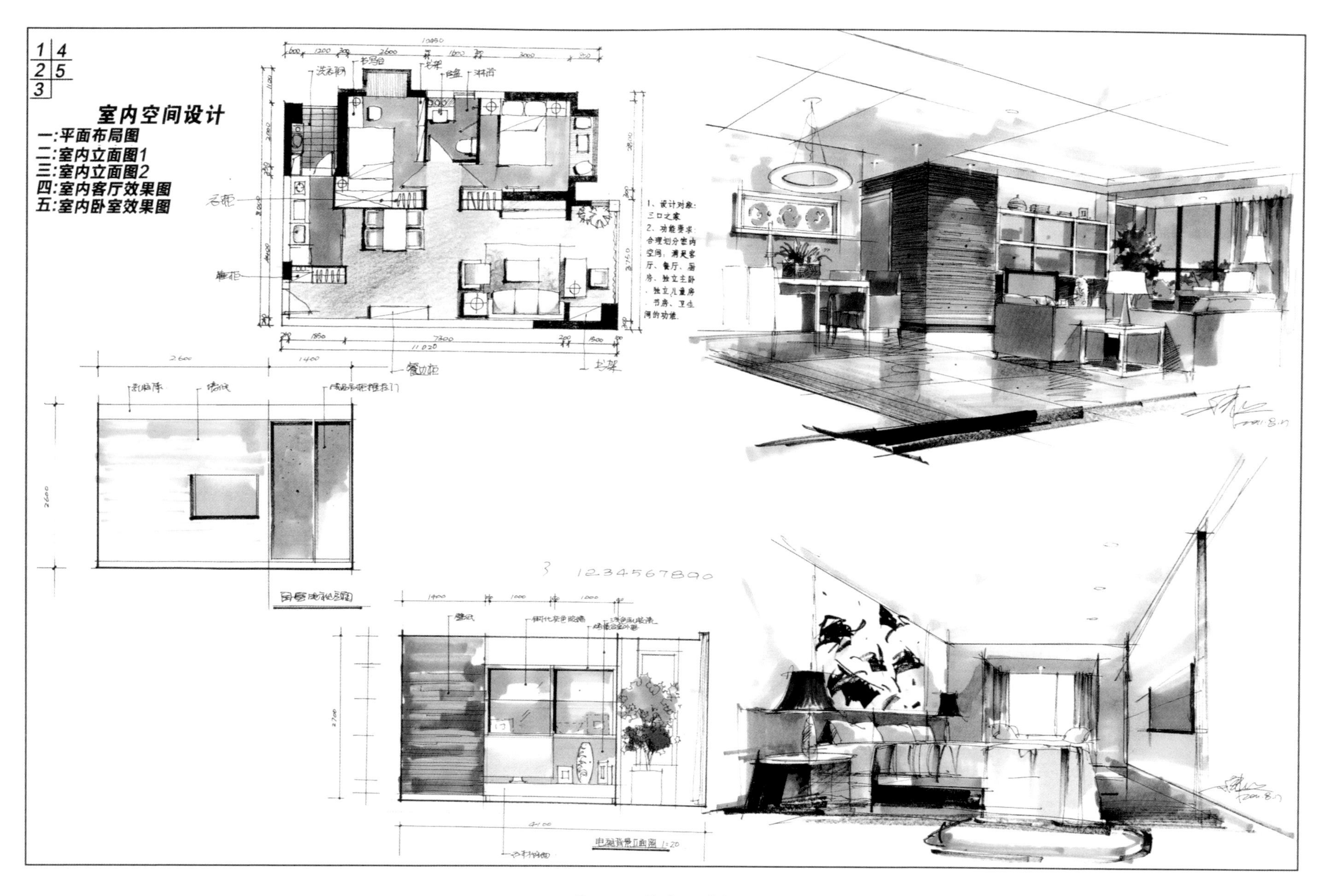
室内空间设计
一:平面布局图
二:室内立面图1
三:室内立面图2
四:室内客厅效果图
五:室内卧室效果图
1、设计对象:三口之家
2、功能要求:合理划分室内空间，满足客厅、餐厅、厨房、独立主卧、独立儿童房、书房、卫生间的功能。
1234567890

图5-5　作者：陈红卫

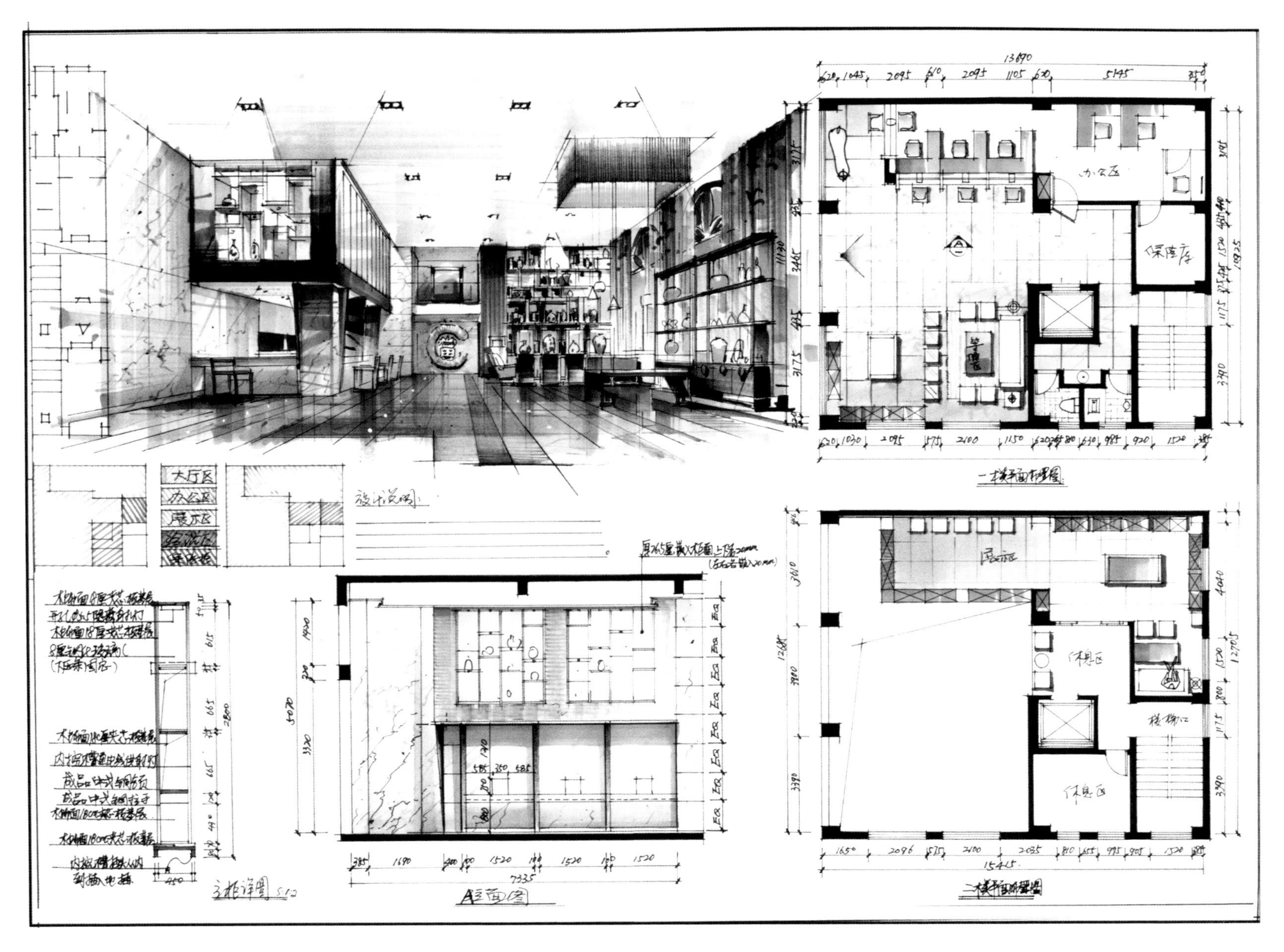

图5-6　作者：孙大野

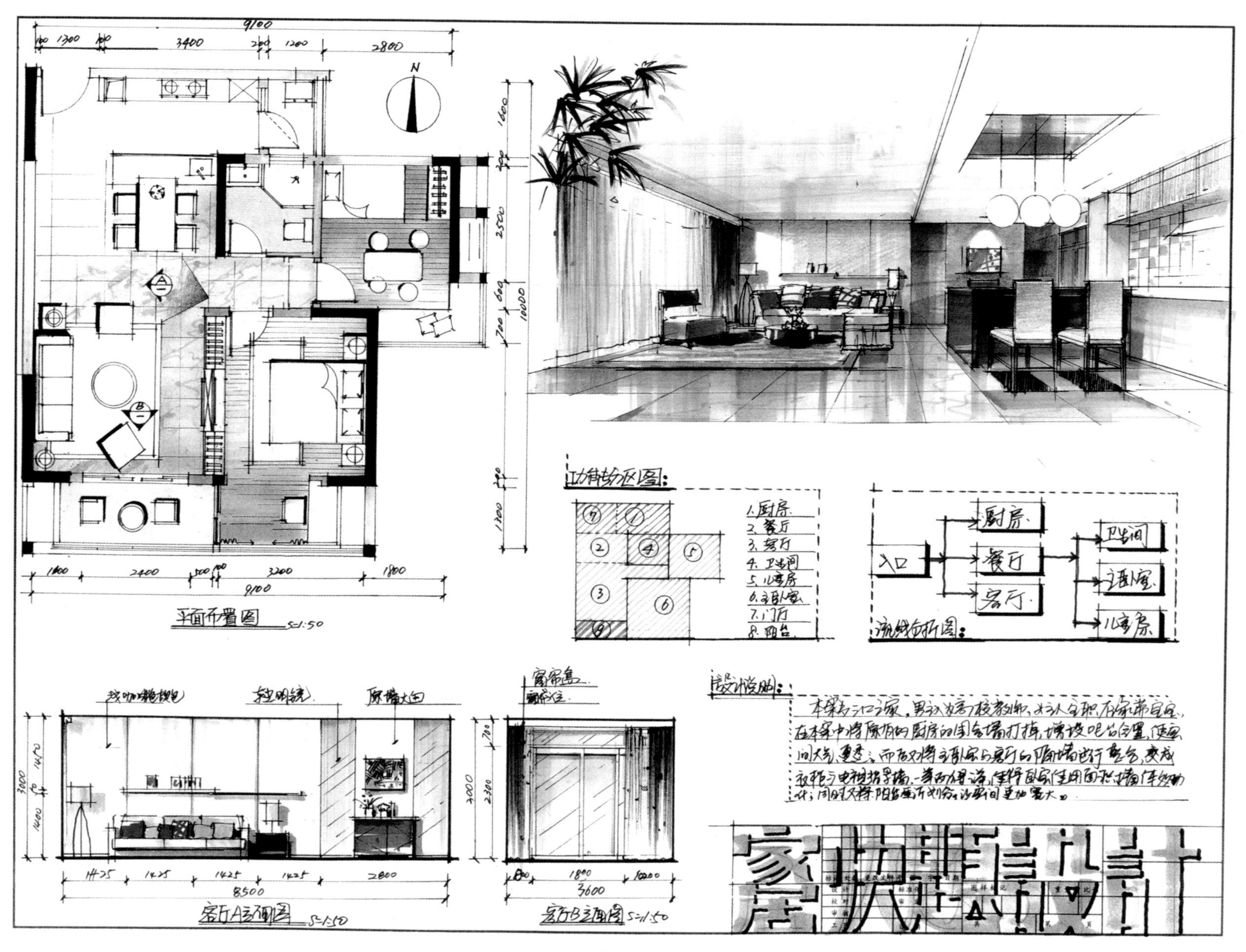

图 5-7　作者：孙大野

设计说明：
CHANEL
旗舰
展架
展柜
休闲椅
立体背景
前台
更衣室
CHANEL
900
6000
900
前台背景墙立面 1:40
2000
2000
6000
2000
1500
3000
6000
1500
2000
外墙立面 1:40

图5-8　作者：马光安

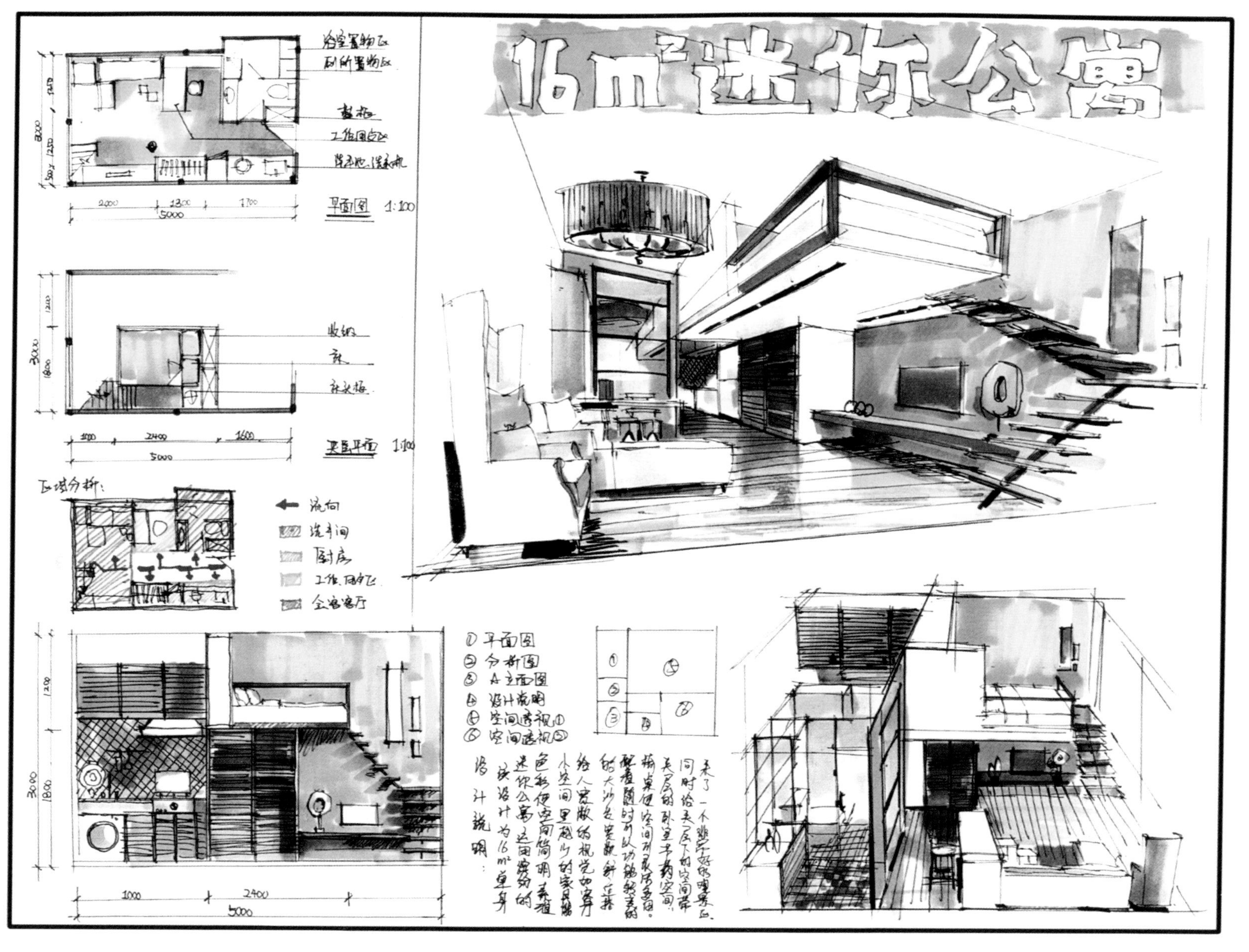
16m²迷你公寓
浴室置物区
厨房置物区
平面图 1:100
收纳
床
区域分析：
流向
洗手间
厨房
工作、阅读区
会客客厅
① 平面图
② 分析图
③ A立面图
④ 设计说明
⑤ 空间透视①
⑥ 空间透视②
设计说明：

图5-9　作者：马光安

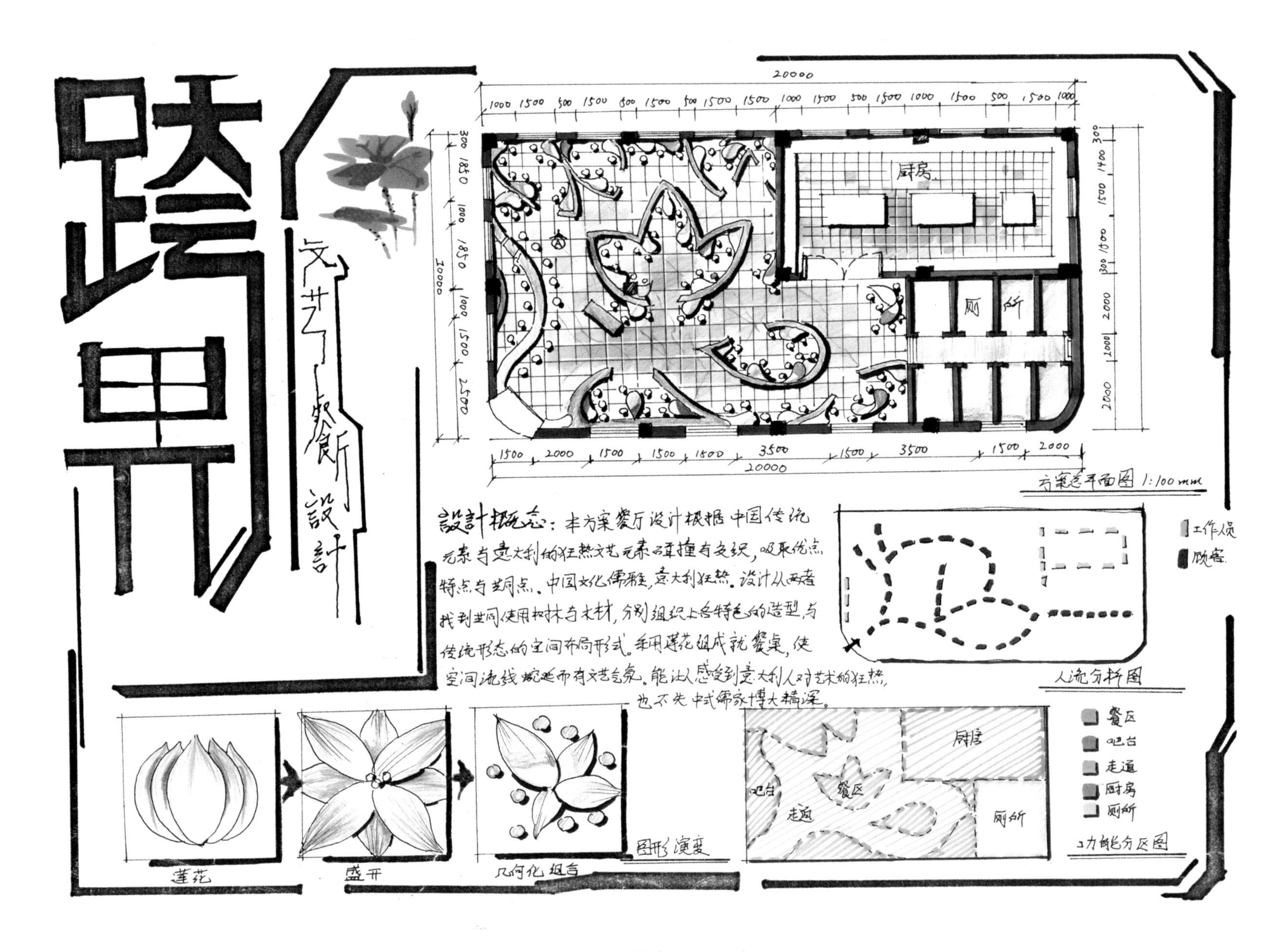
跨界
文艺餐厅設計
20000
厨房
厕所
方案总平面图 1:100mm
設計概念：本方案餐厅设计根据中国传统元素与意大利的狂热文艺元素碰撞与交织，吸取优点特点与共同点、中国文化儒雅，意大利狂热。设计从两者找到共同使用板材与木材，分别组织上各特色的造型，与传统形态的空间布局形式。采用莲花组成就餐桌，使空间流线婉延而有文艺气氛。能让人感受到意大利人对艺术的狂热，也不失中式儒家博大精深。
工作人员
顾客
人流分析图
莲花
盛开
几何化组合
图形演变
厨房
吧台
餐区
走道
厕所
餐区
吧台
走道
厨房
厕所
功能分区图

图 5-10　作者：张　峻

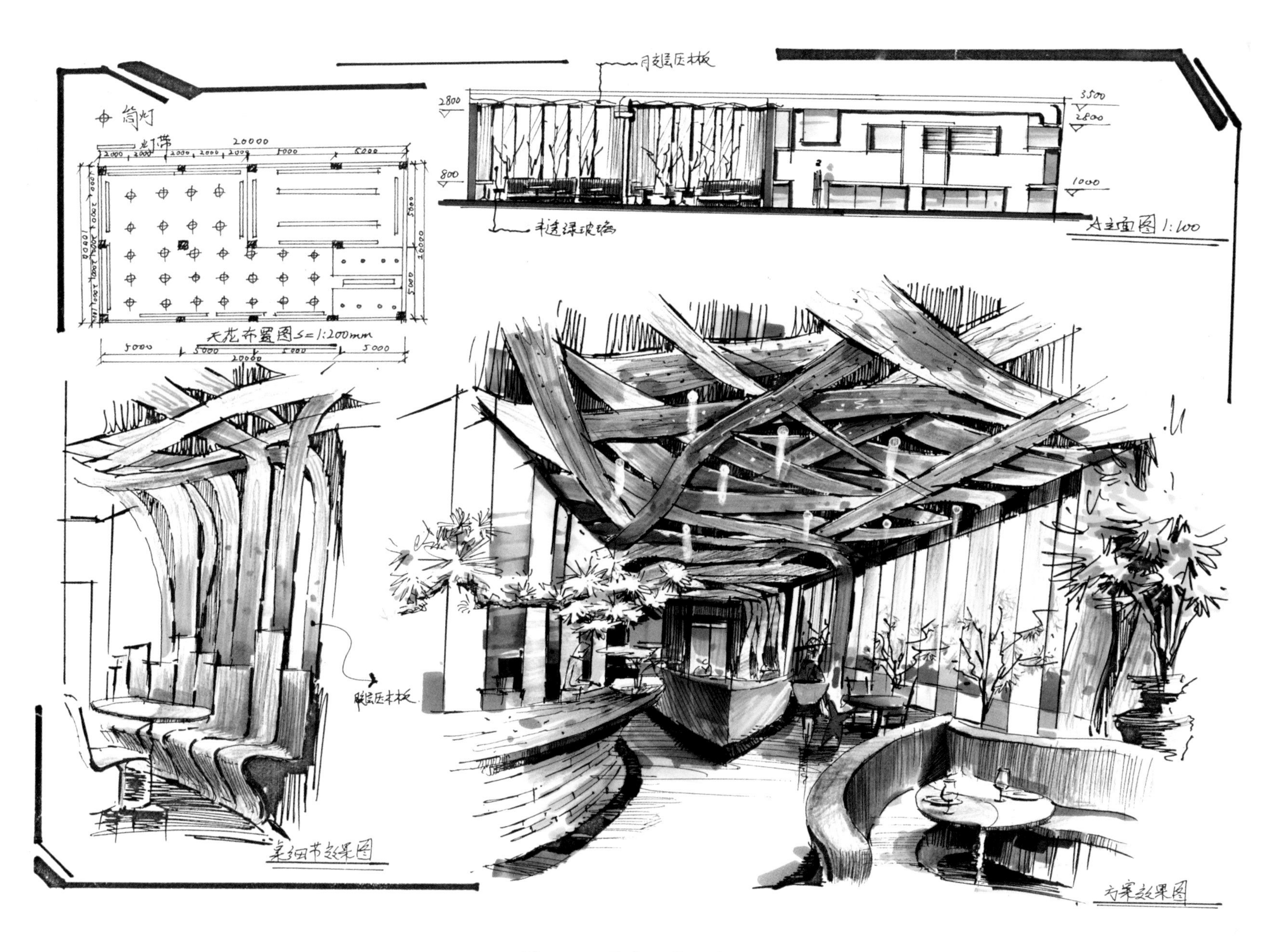

图5-11　作者：张　峻

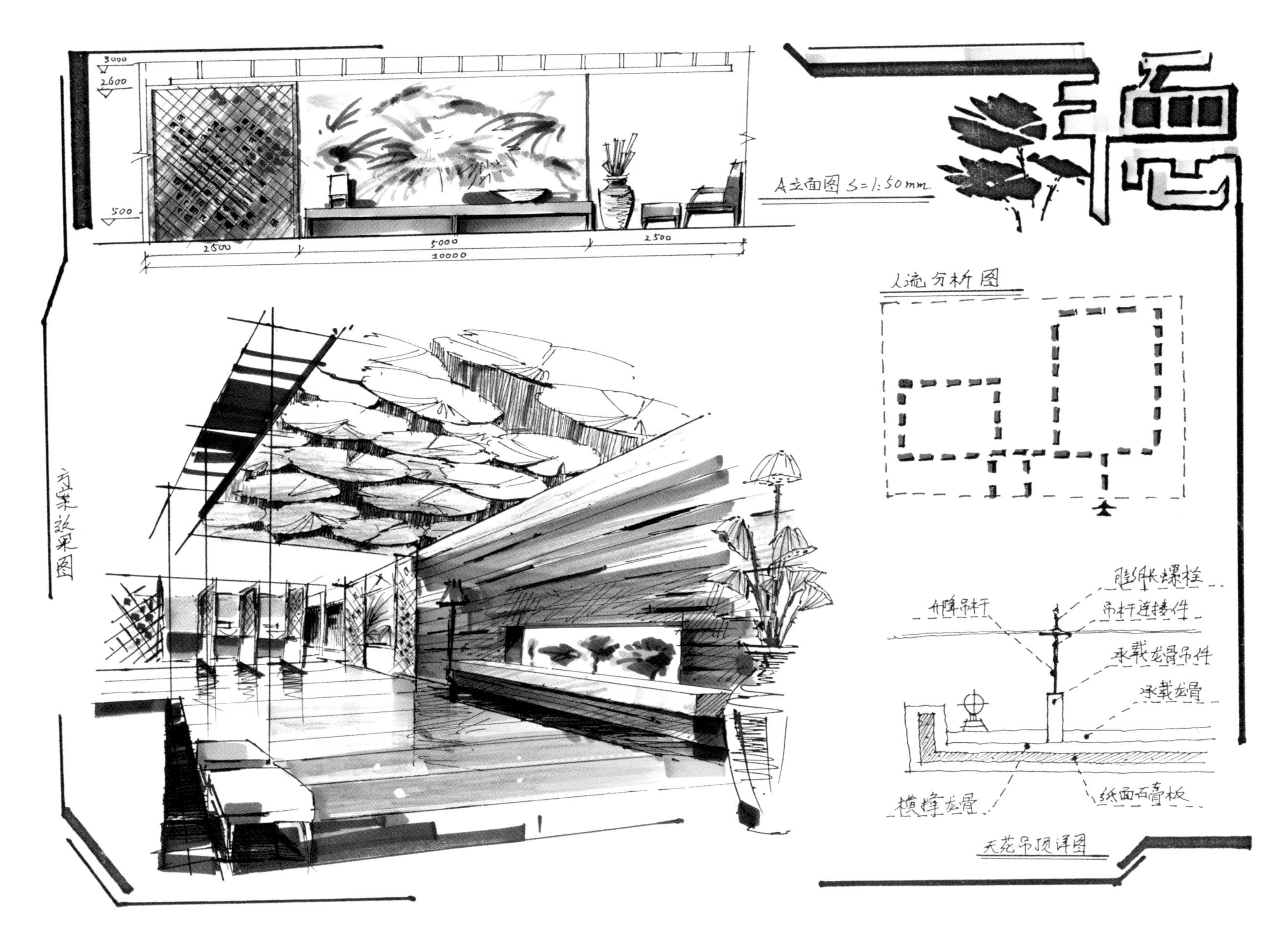
3000
2600
500
2500
5000
2500
10000
A立面图 S=1:50mm
人流分析图
方案效果图
膨胀螺栓
吊杆连接件
承载龙骨吊件
承载龙骨
横撑龙骨
纸面石膏板
天花吊顶详图

图5-12　作者：张　峻

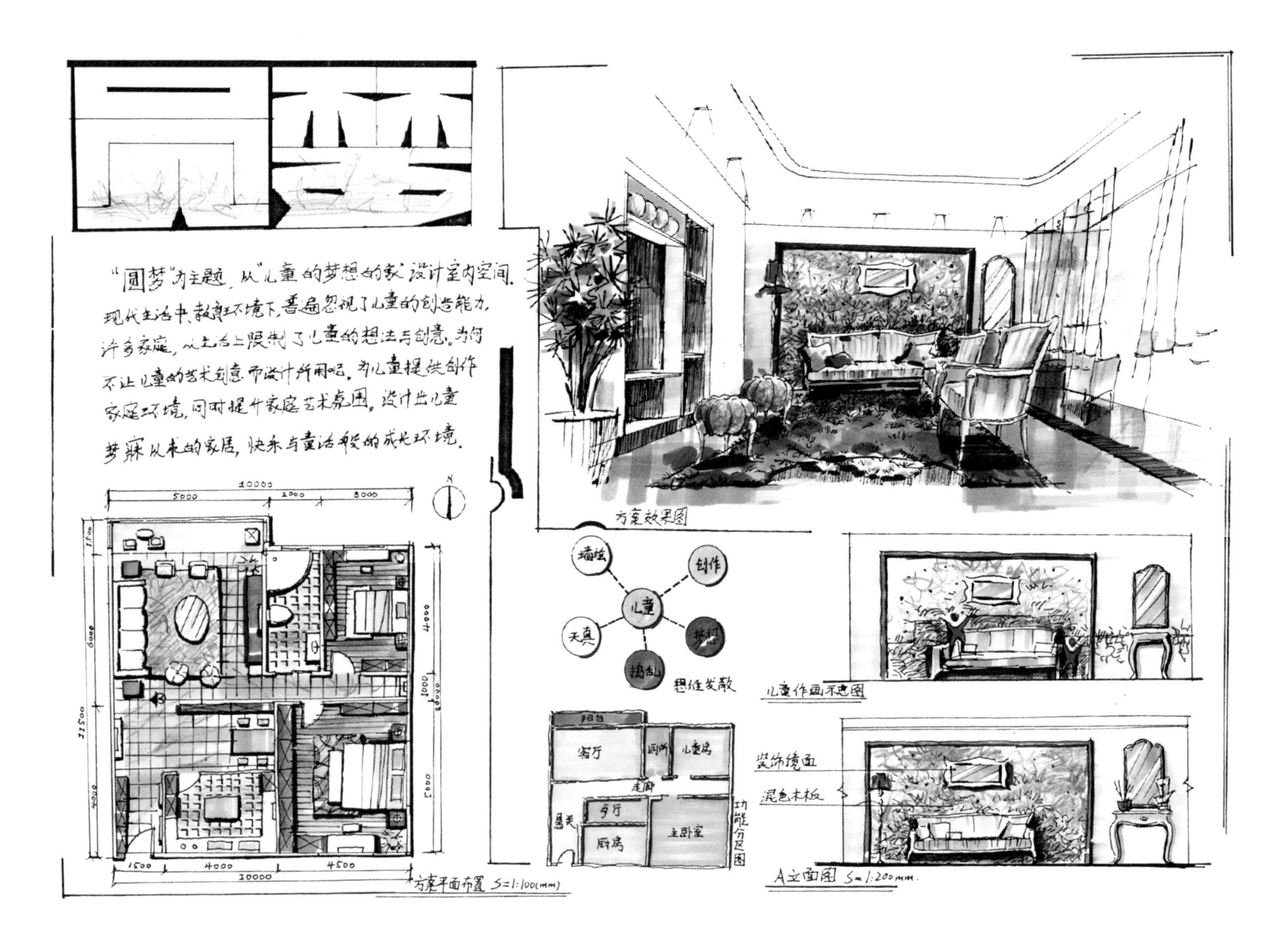
圆梦
"圆梦"为主题，从"儿童的梦想的家"设计室内空间。现代生活中，教育环境下，普遍忽视了儿童的创造能力，许多家庭，从生活上限制了儿童的想法与创意。为何不让儿童的艺术创意而设计所用呢。为儿童提供创作家庭环境，同时提升家庭艺术氛围，设计出儿童梦寐从未的家居，快乐与童话般的成长环境。
方案效果图
方案平面布置 S=1:100(mm)
儿童
墙绘
创作
天真
梦想
捣乱
思维发散
儿童作画示意图
阳台
客厅
厕所
儿童房
走廊
餐厅
玄关
厨房
主卧室
功能分区图
装饰镜面
混色木板
A立面图 S=1:200mm

图5-13　作者：张　峻

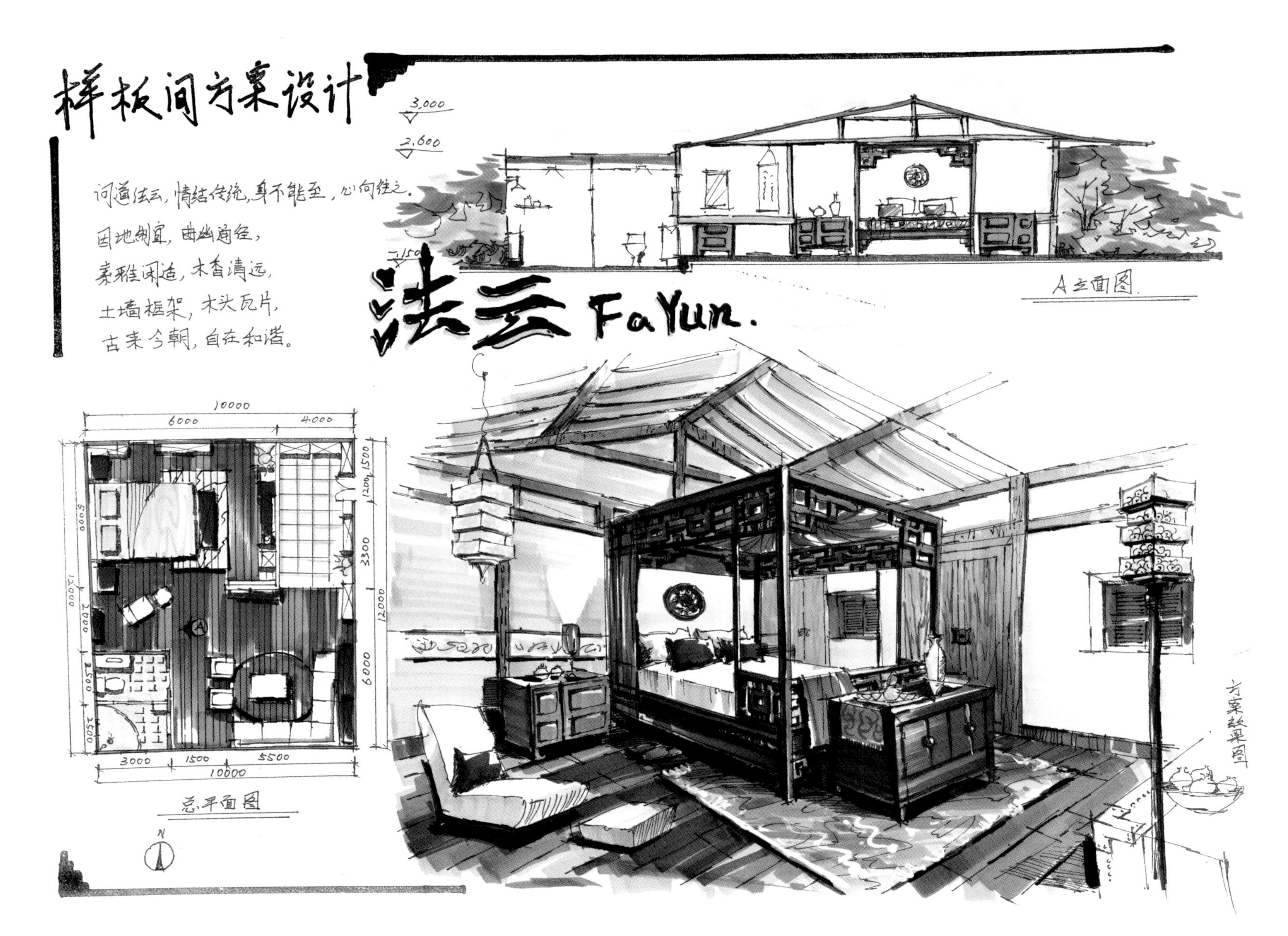

样板间方案设计
问道法云，情结传统，身不能至，心向往之。
因地制宜，曲幽通径，
素雅闲适，木香清远，
土墙框架，木头瓦片，
古来今朝，自在和谐。
法云 FaYun.
A立面图
总平面图
方案效果图
10000
6000
4000
3000
1500
5500

图5-14 作者：张 峻

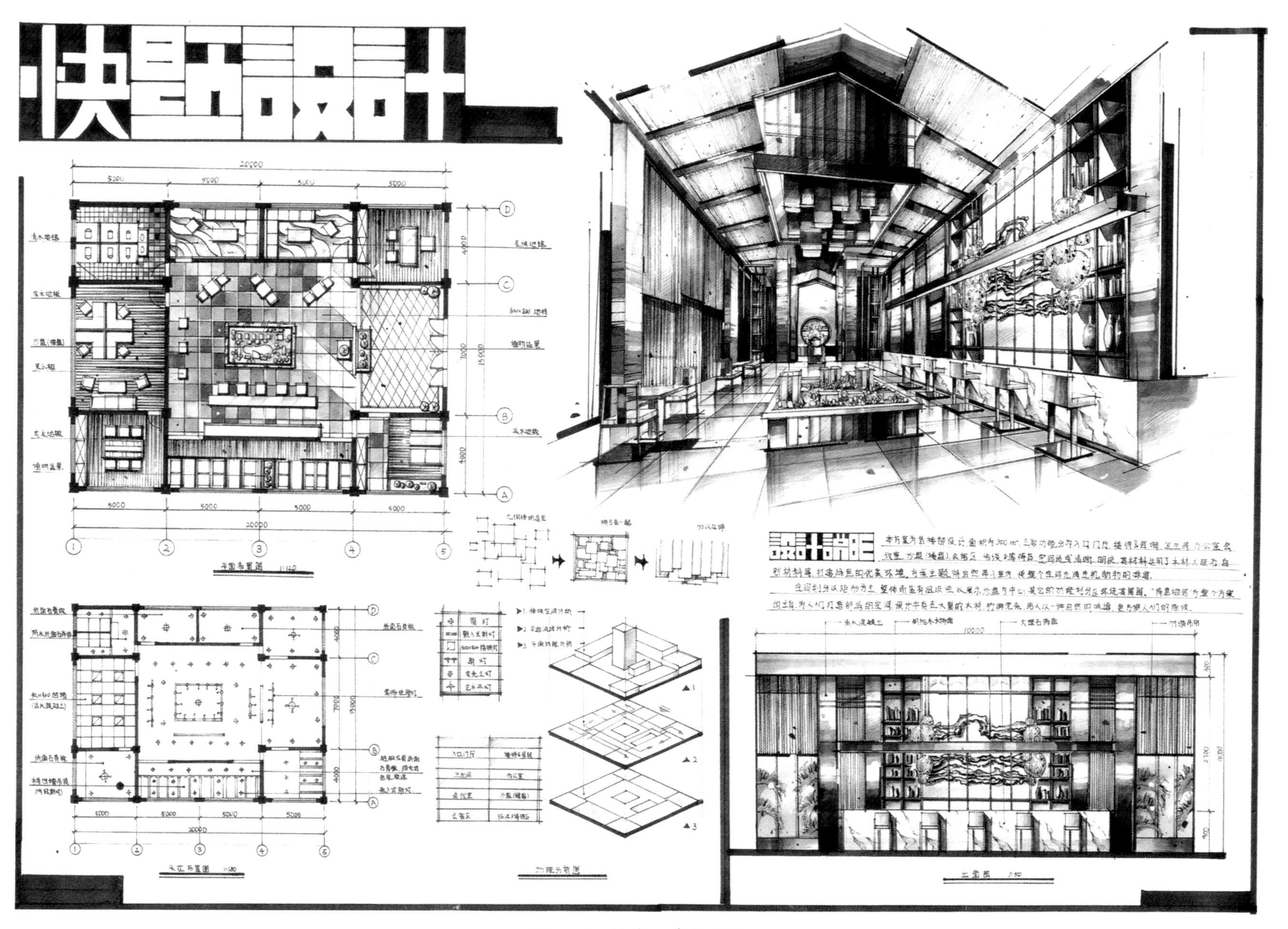

图5-15　作者：卓越手绘

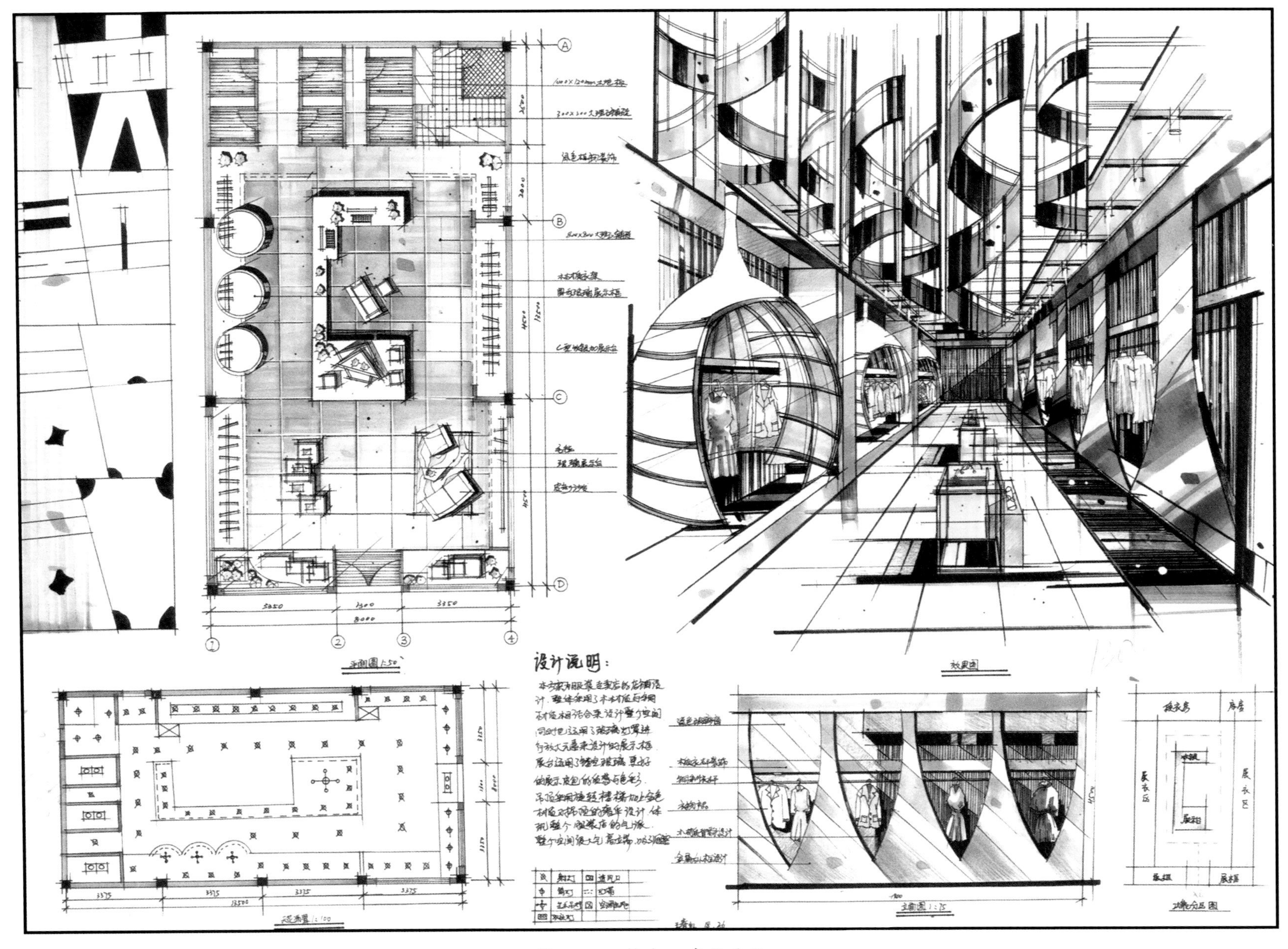

图5-16 作者：卓越手绘

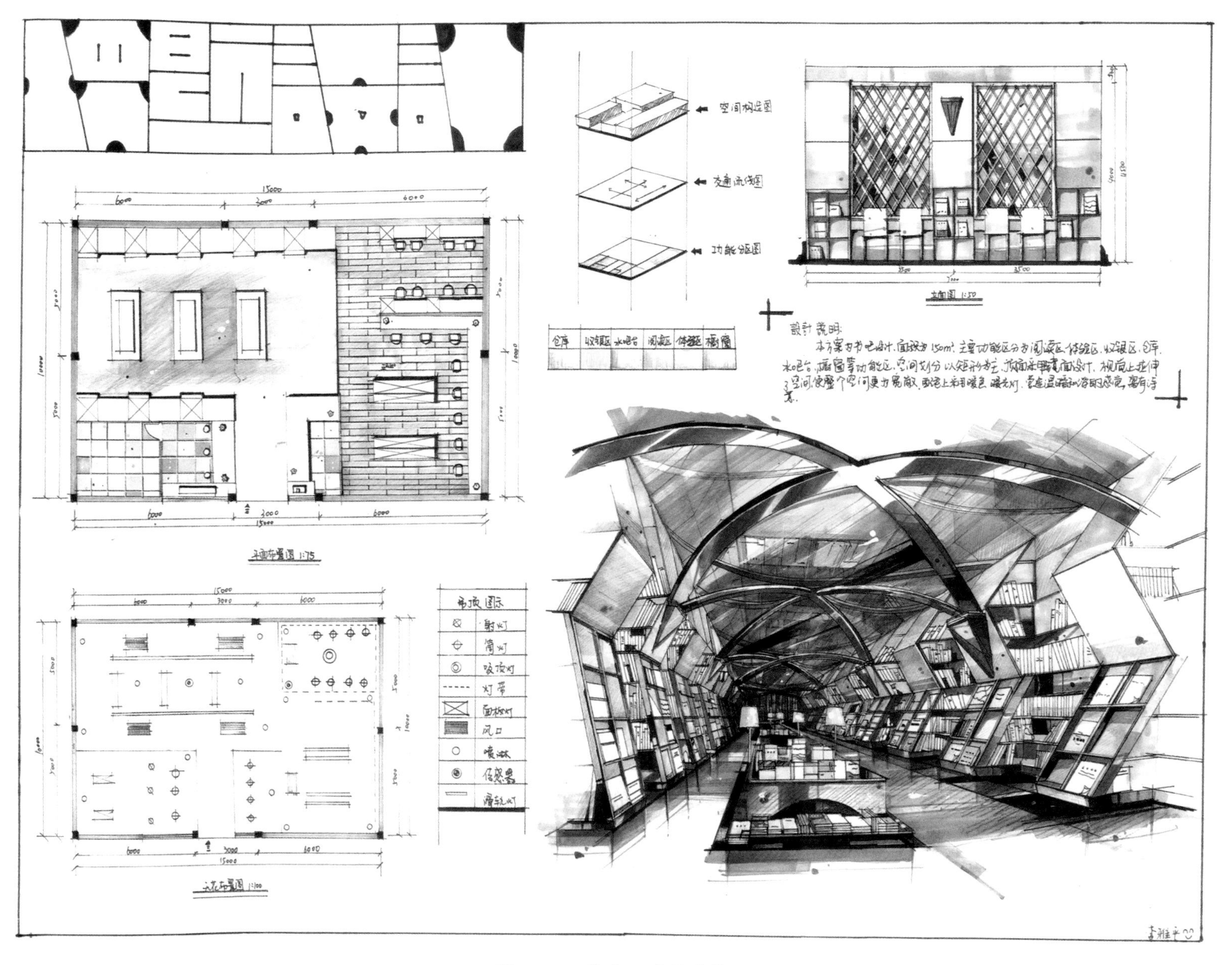
空间构造图
交通流线图
立面图 1:50
设计说明:
仓库
收银区
水吧台
阅读区
体验区
橱窗
平面布置图 1:75
天花布置图 1:100
射灯
筒灯
吸顶灯
灯带
风口
喷淋
烟感器

图5-17　作者：卓越手绘

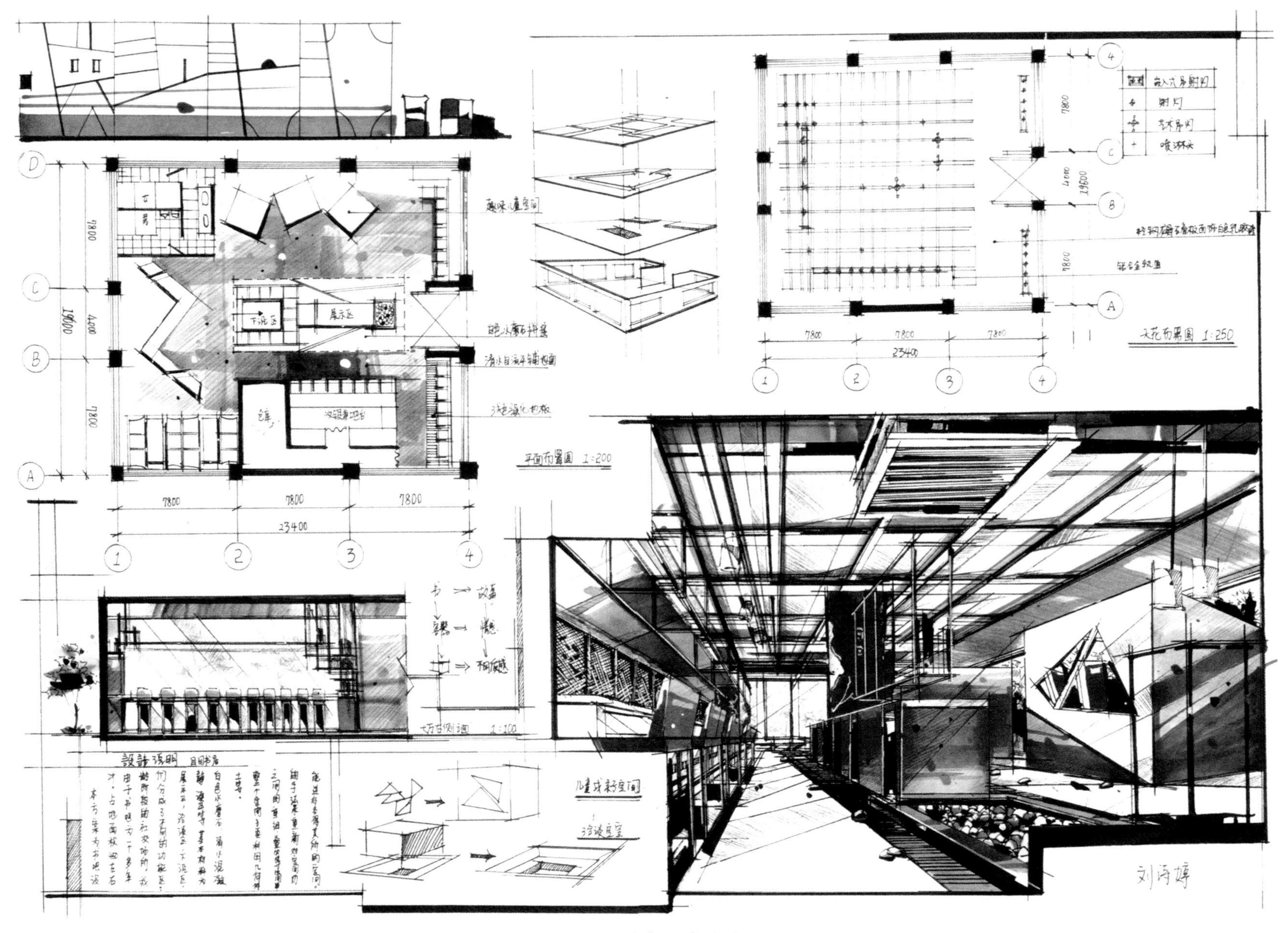

图5-18 作者：卓越手绘

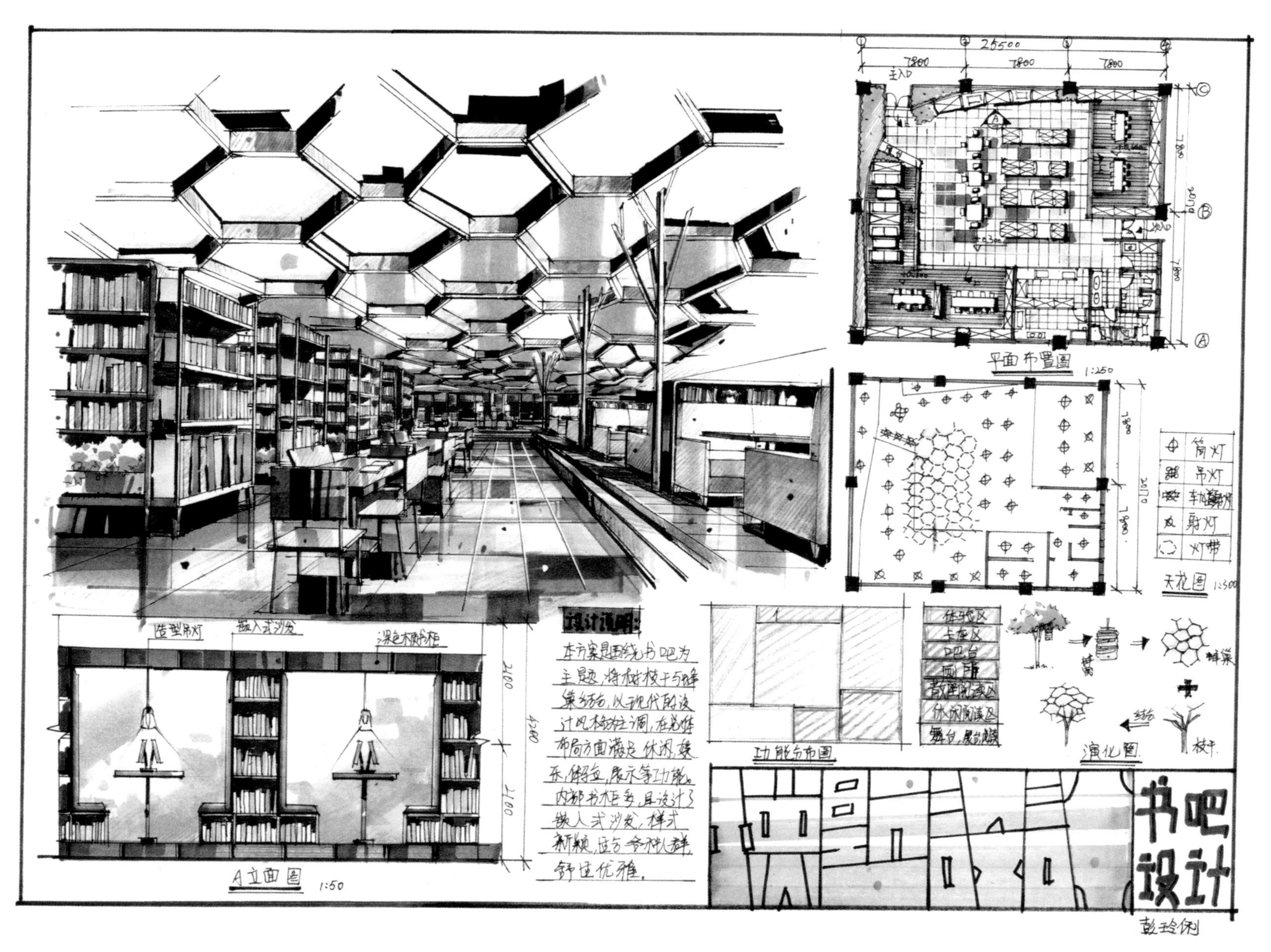
平面布置图
天花图
筒灯
吊灯
射灯
灯带
造型吊灯
嵌入式沙发
A立面图 1:50
设计说明：
本方案是围绕书吧为主题，将树枝干与蜂巢结合，以现代的设计风格为主调，在总体布局方面满足休闲、娱乐、阅读、展示等功能。内部书柜多，且设计了嵌入式沙发，样式新颖，适合各种人群，舒适优雅。
功能分布图
卡座区
吧台
厕所
休闲阅读区
演化图
蜂巢
枝干
书吧设计

图5-19　作者：卓越手绘

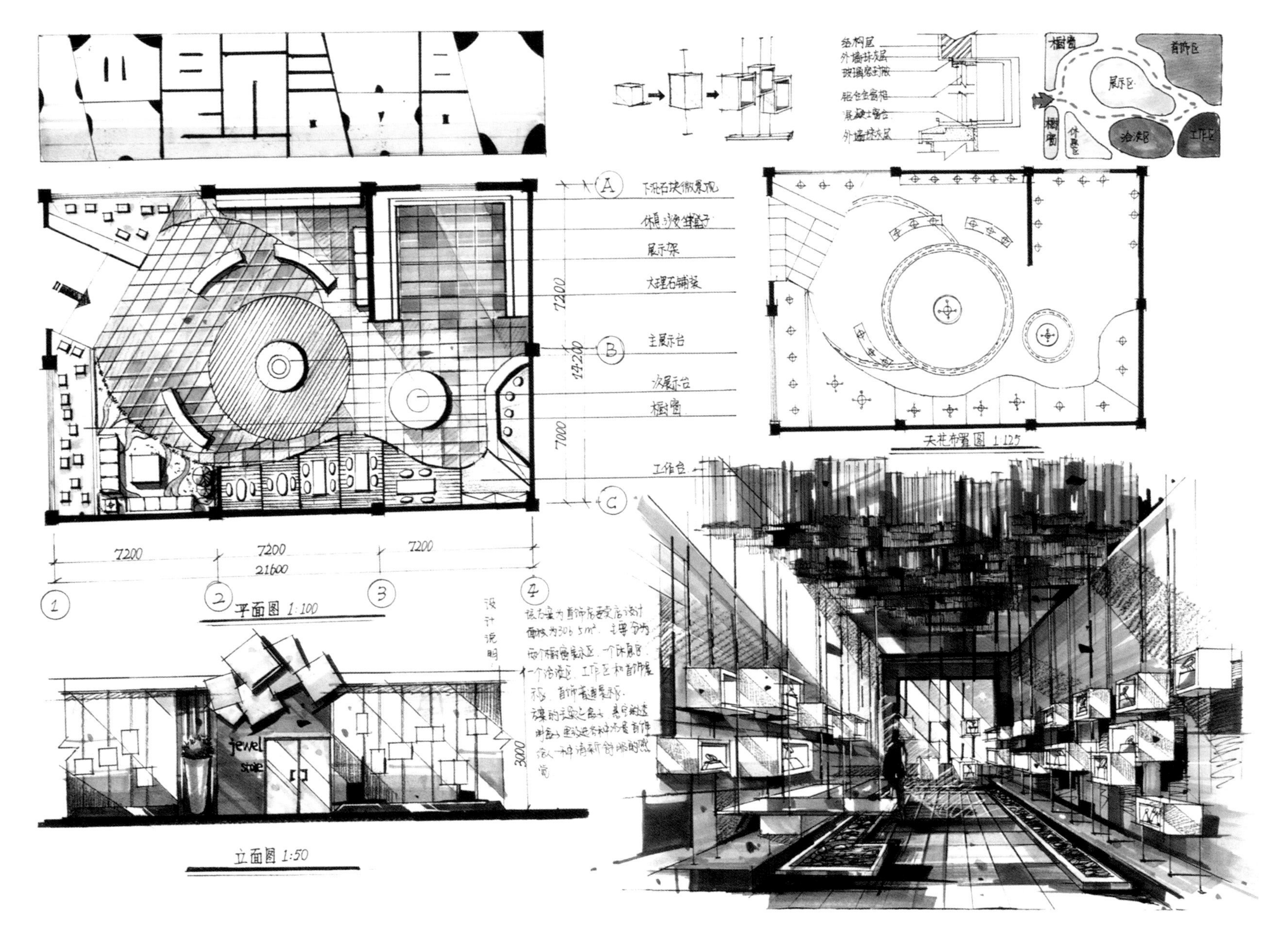

图5-20　作者：卓越手绘

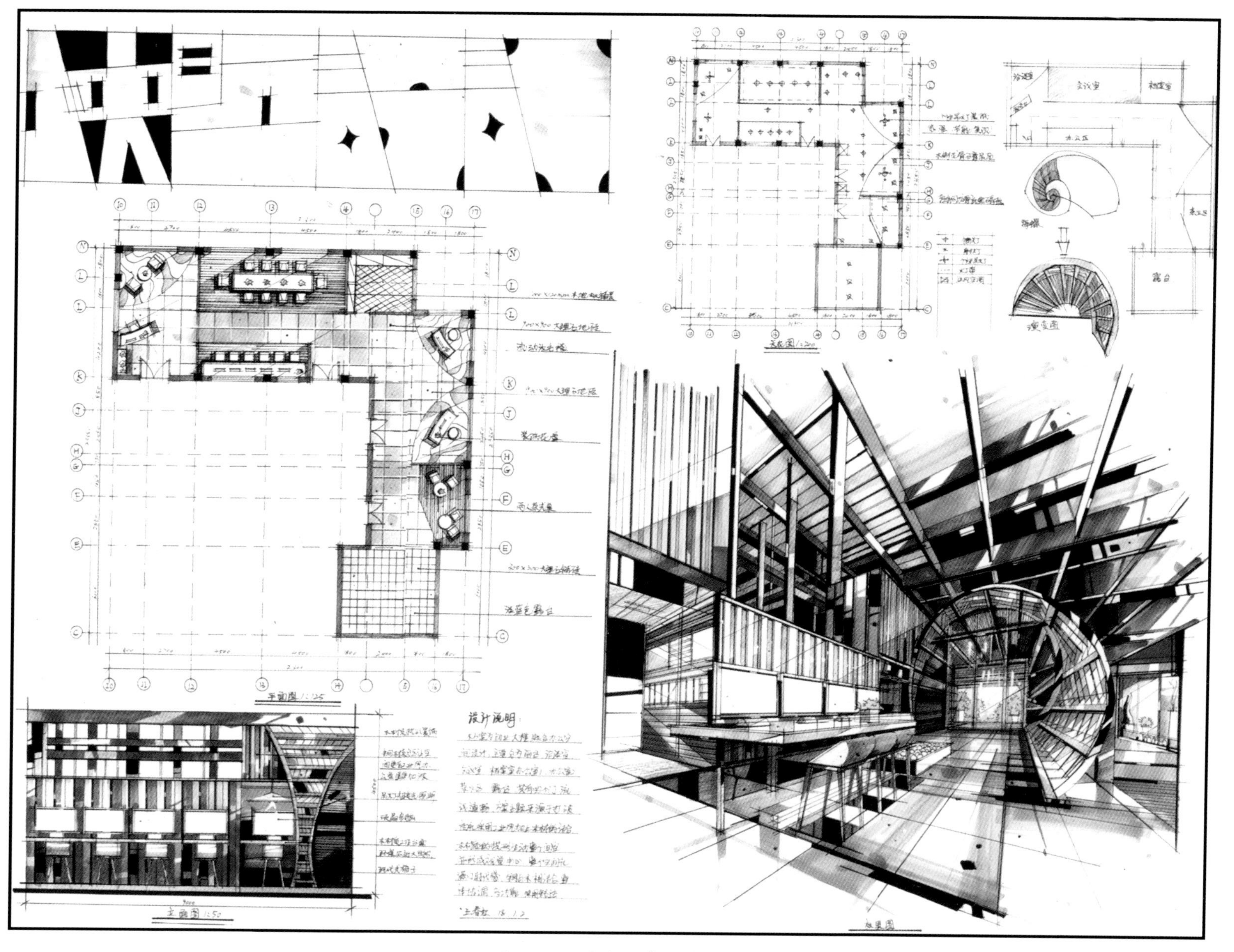

图5-21　作者：卓越手绘

第四节　湖南省高等职业院校学生技能抽查室内设计创意与表现模块详解

一、室内设计创意与表现考试内容

岗位核心技能要求学生根据相关要求和所提供的附图，按照相应的设计要求，针对户型内所指定的功能空间，在一张A3幅面的绘图纸上，完成手绘平面布局图及手绘效果图一套，并写出客户沟通提纲和设计说明。

室内设计创意与表现模块包括家居空间、公共空间等两个模块（公共空间涵盖：办公空间、餐饮空间、娱乐空间、商业空间、休闲空间、展示空间及其他公共空间类型，见表5-1所列）。主要用来检验学生是否准确地掌握室内设计的基本原理、识图能力、室内设计方法、室内设计手绘表现技法以及室内设计创意与表现的基本内容、基本程序。

表5-1

模　块	空间类型
家居空间	客　厅
公共空间	办公室、会议室、专卖店、教室、电梯厅、书店、客房、饮品店

（一）平面图

平面图既是室内设计的开始，也是设计方案的一个重要部分，是考生表达设计意图最重要的方式，是阅卷老师判断考生设计能力是否达标的直接依据。室内各功能区的安排、室内人流动线的布置、各家具陈设方式及尺度关系等都要在平面图中清晰地体现出来，除此之外，还要注重平面图的美观性。

1．绘制要点

（1）合理安排室内各功能区。根据空间类型和客户需求确定好所需功能区，并将各功能区的位置、大小、形状进行合理安排，处理好各功能区内部和功能区之间的关系。

（2）科学布置人流动线。根据空间序列及使用习惯，科学合理布置人流动线，流线组织是否合理直接影响到空间使用的质量。

（3）合理绘制空间尺度。根据题目所给户型图尺寸，采用适当的比例，准确地绘制出设计区域平面，并在平面中准确表达出各家具及空间的尺度关系。比如沙发、餐桌等家具及地砖的大小都要符合人体工程学的尺度要求并统一在一个比例中。

（4）准确把握各物体之间的位置关系。比如沙发和茶几之间的距离、门窗的位置等。

（5）准确表达材质的质感。选用恰当的地面铺装材料，并将材质的质感、纹理，充分、自然地表现出来。

（6）生动自然地表现出光感。准确地表达出物体的投影，生动地表达出光影的感觉，拉开物体和地面之间的空间关系，丰富平面图的层次。

（二）效果图

效果图是直观地反映考生预想中的室内空间、色彩、材质、光照等装饰艺术效果的一种方式；能够让阅卷老师快速地了解设计主题、功能特点和材料选择等，在评卷中所占比重最大。

1. 设计要求

（1）设计主题突出，界面、家具、陈设等与主题风格协调。

（2）透视角度完善、准确，空间内各界面、形体透视关系准确、结构清晰。

（3）室内家具、陈设的透视准确，物体及物体之间的尺度、比例正确。

（4）材料质感表现充分、纹理表现自然。

（5）空间素描关系明确、光影效果表现生动自然、空间层次分明。

（6）空间色彩关系明确，色彩搭配协调，整体感强，能根据不同的空间环境确定不同的色彩基调。

（三）与客户沟通的提纲和设计说明

1. 与客户沟通的提纲

与客户沟通的提纲是与客户沟通内容的一个概括的叙述纲目。它不用把和客户交流的全部内容写出来，只要把那些主要内容提纲挈领地写出来即可，可以包括以下方面：

（1）户型的优缺点及改造想法。

（2）设计风格定位。

（3）局部设计构想。

（4）建议选用的材料等。

提供模板参考：

（1）本套户型的优点是__________，但__________（户型缺点），建议可以将__________进行__________改造。

（2）根据__________（客户背景资料）__________，建议选用__________风格。优点是：__________。

（3）根据__________（某空间特点），建议__________（家具布置方案）。

（4）由于顶面__________（问题或特点），建议__________（某种吊顶手法或其他顶面处理方式）。

（5）______________（某局部细节设计，如电视背景墙），可以采用______________，运用了____________（设计元素）来和整体风格相呼应，可以达到______________（具体效果）。

（6）建议__________（部位）选用__________（材料）其好处是：__________。

2．设计说明

设计说明主要是对所做方案的阐述，是将设计方法、元素运用及所表达的设计意图进行说明的文字，一般100~150字，不宜过少，包括以下方面：

（1）设计内容：即此快题是什么空间类型，有哪些具体的功能区，满足什么样的功能需求。

（2）设计理念：即设计灵感来源，设计元素的运用。

（3）设计方法：即在设计中采用了什么材质，如何处理空间细节，如何营造整体空间氛围，想给体验者何种心理体验感等。提供模板供参考：

本方案是围绕“__________”为主题，将__________与__________相结合，以__________的设计风格为主调，在总体布局方面满足__________需求。以__________线条的__________装饰及各种__________隔断景点，更体现__________之感，创造一个__________环境。

不但外观__________，内部也实用美观、功能齐全，小小的空间在此体现得美轮美奂，比如①__________，②__________，③__________等。

以上是本方案全部设计思维过程。

3．与客户沟通的提纲和设计说明的区别

与客户沟通的提纲是在设计之间给客户的一个建议性的内容，与设计说明有着一定的区别，比如在与客户沟通的提纲中可以针对空间中顶面结构裸露在外不美观，建议客户进行吊顶的设计来掩盖其不足，使顶面整齐，同时也可以增强空间的装饰效果，使室内光源更有层次感等；而设计说明则是设计完成后对所做方案的阐述，比如同样是针对顶面的吊顶我们可以这样来阐述：在客厅中利用吊顶，将原来裸露在外面的建筑结构隐藏了起来，使顶面达到了平整的效果，同时增强了空间的装饰效果，使室内光源有了更加丰富的层次感。

（四）版式设计

1．排版

在题目的技能要求中有一项是图纸编排能力，要求能够将平面布局图和效果图完整、美观地编排在指定的版面上，考生不能忽视。即使题目中没有做要求，考生也应该有相应的意识。因为一张排版美观舒适的快题作品更容易给阅卷老师留下深刻印象，可以为试卷加分。

在排版上注意点、线、面的组合关系，合理安排标题、各主要图纸以及文字等内容，做到主体突出，层次分明，各部分能有机地联系在一起。在正式设计之前可以先用铅笔在图纸上勾勒出每个部分的大小和位置，试卷周围预留1~1.5cm出血位，切记不能画得太满，甚至超出纸边，破坏画面完整性。

要注意试卷字体标注的统一，保护好原有图纸，对图纸进行精心爱护，让画面看起来整洁、有序，让阅卷老师赏心悦目。

考试常用排版方式如图5-22所示。

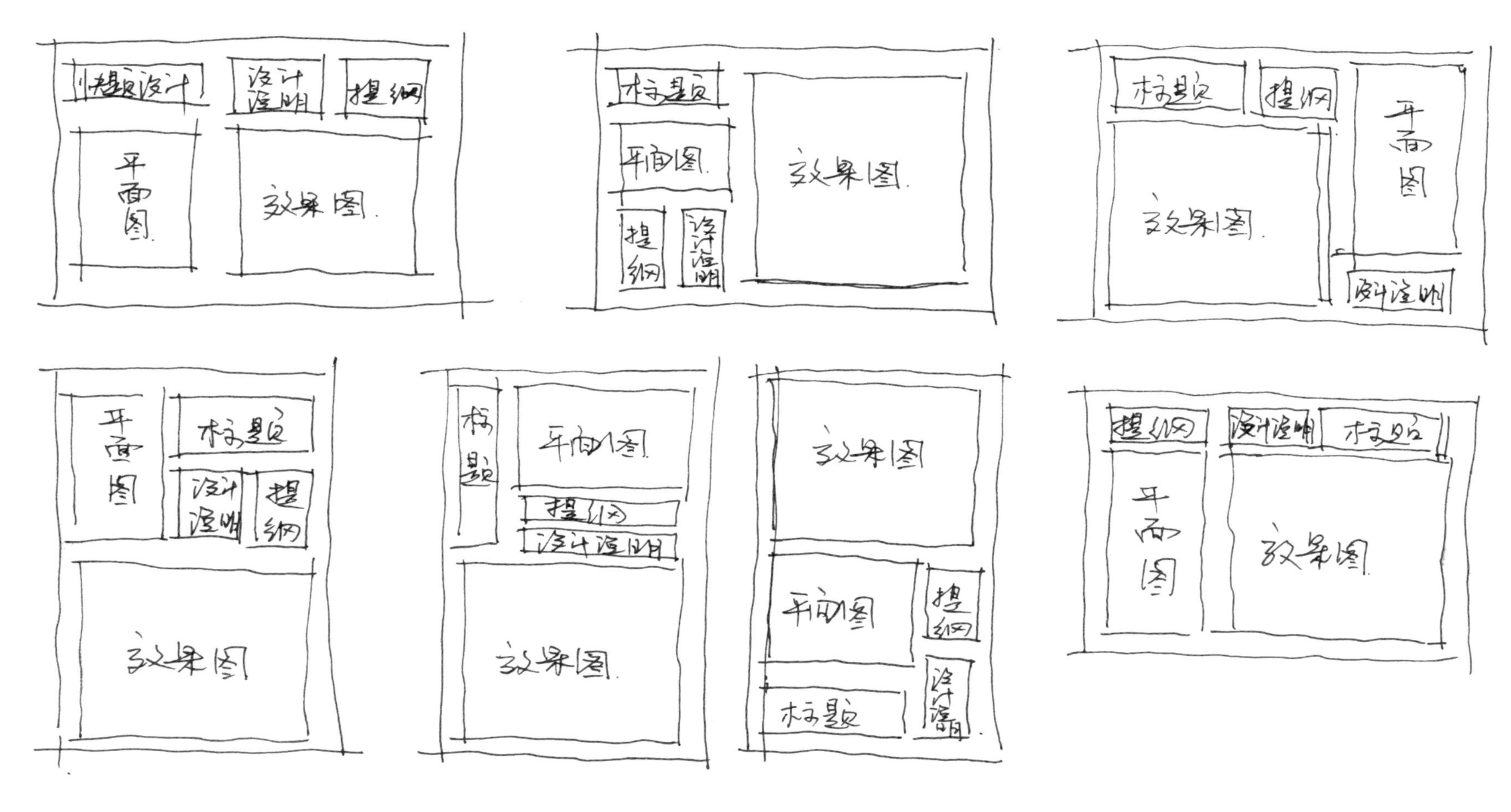

图5-22

2. 标题

标题是图纸表达完整的重要内容，标题完整、美观、呼应主题能提升画面的设计感和完整性。标题一般有两种：主标题“快题设计”，再加一个副标题，如“某会议室设计”。另外就是直接把考试题目作为标题，如“某专卖店设计”。注意标题字体美观，颜色风格与整体效果和谐一致。

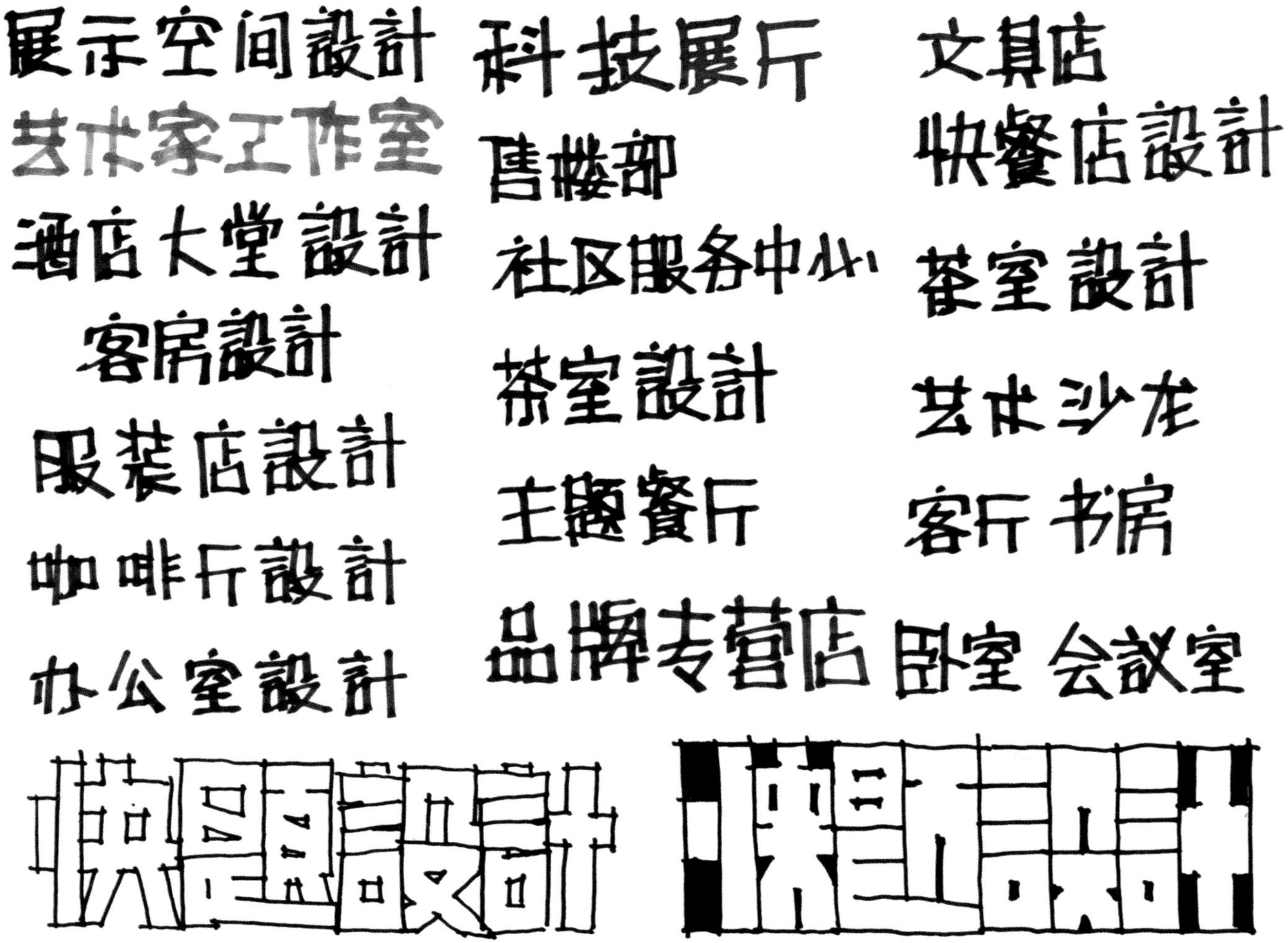

图 5-23

二、创意与表现模块例题分析与参考

【例】中学音乐教师家居空间客厅设计

某装饰公司承接了一个家居空间室内设计项目，户型特征、面积见附图。户主为未婚女青年，职业为中学音乐教师。请根据所提供的附图和相关信息，写出与客户沟通的提纲，并针对其（客厅及餐厅）空间，完成手绘平面布局图及手绘效果图一套，要求写出100~150字设计说明。

能力要求分析（图5-24）：

（1）识图能力：能够通过所提供的附图，理解并运用其中相关信息与数据，并对原始建筑结构有相应的认识、理解。

（2）室内设计方法：能根据正确的设计方法来说明空间所表达的功能性，能够进行室内各界面、门窗、家具、灯具、绿化、织物的选型。

（3）表现技法：能够正确地使用手绘工具，将设计构思绘制成三维空间透视效果图（平面转效果图），透视准确，色彩搭配合理，材料质感表达清楚，主体突出。

（4）装饰材料与施工工艺的运用能力：能够合理选用装修材料，采用合理工艺，在效果图上注明所使用的主要材料和工艺说明，标注准确、说明清晰。

（5）图纸编排能力：能够将平面布置图和效果图完整、美观地编排在指定的版面。

（6）能够体现良好的工作习惯，保护好原有图纸，对图纸进行精心爱护，避免图纸的丢失、页码混乱；使用完绘图工具后及时整理归位至指定位置，避免出现工作台面脏乱现象；体现良好的知识产权保护意识，不抄袭、仿制已发表或已推广的设计，坚持设计方案的独创性与唯一性。

测试点	内容	分值
设计	主题、风格、功能（平面图）	15
线稿	透视、光影	35
上色	色彩关系、上色技法、材质、光影	30
文字	设计说明、提纲	20

图5-24

三、参考试卷

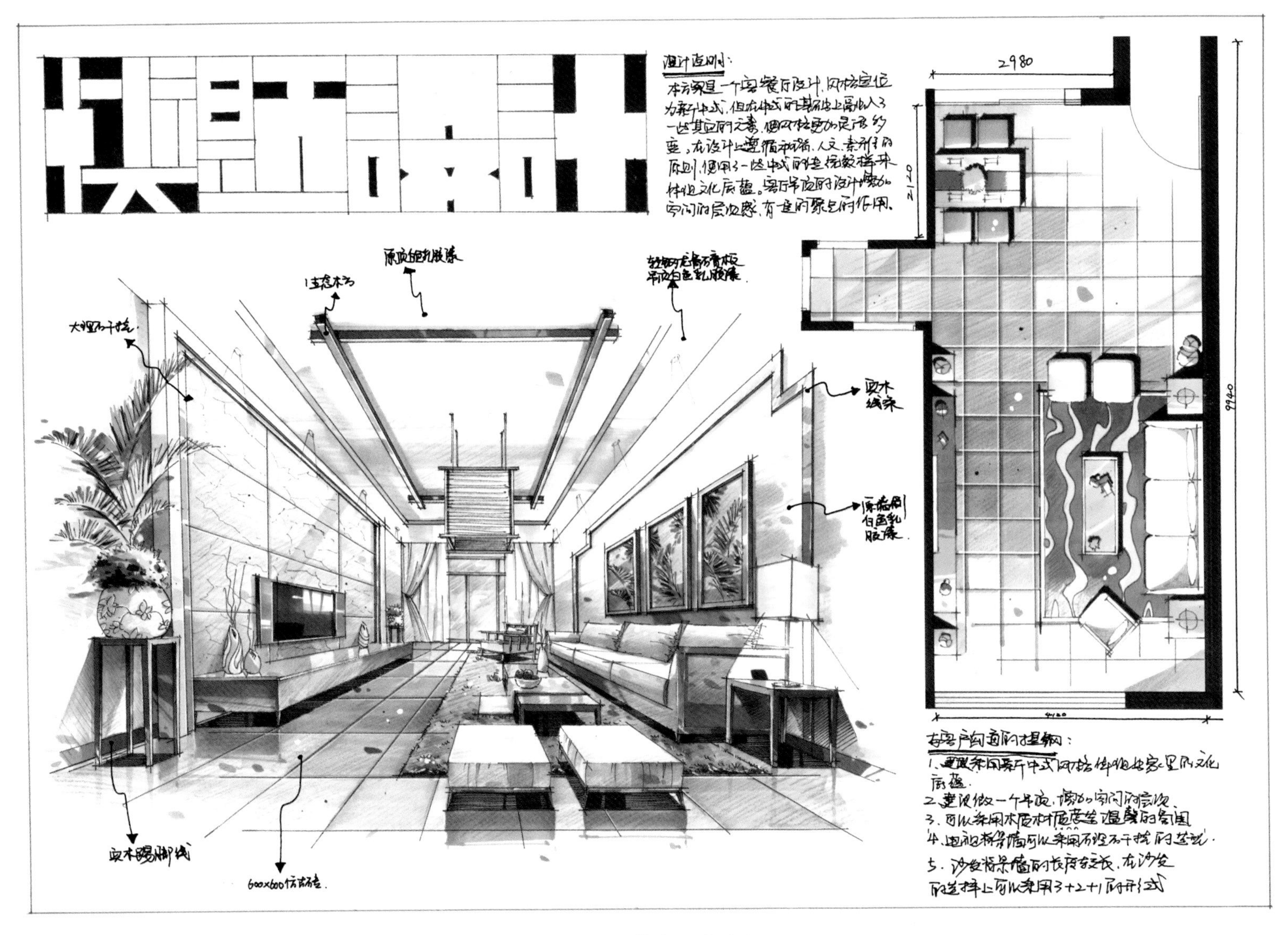

图 5-25　作者：黄胤程

第五节　湖南省技能抽查优秀范例

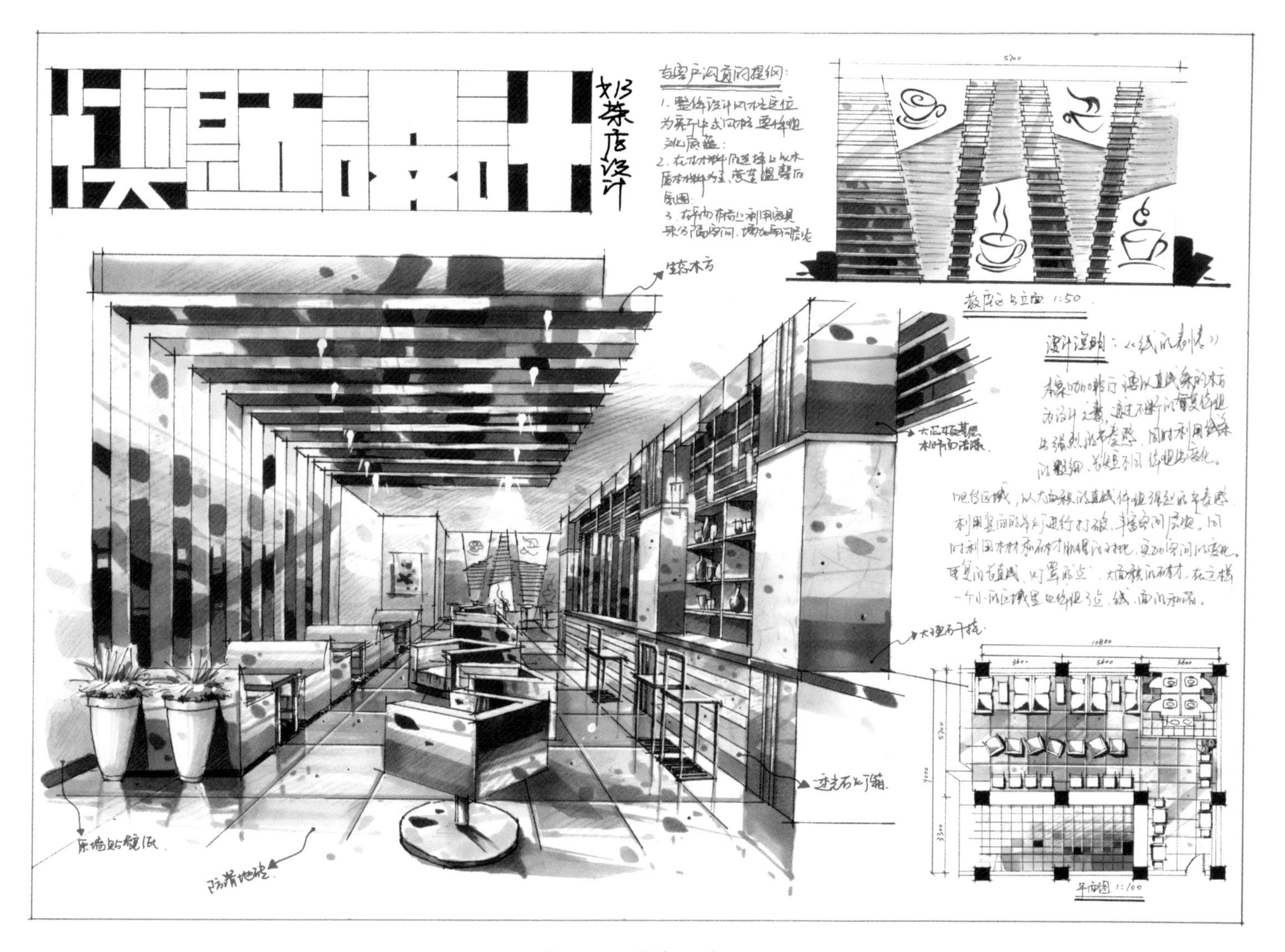

图5-26　作者：黄胤程

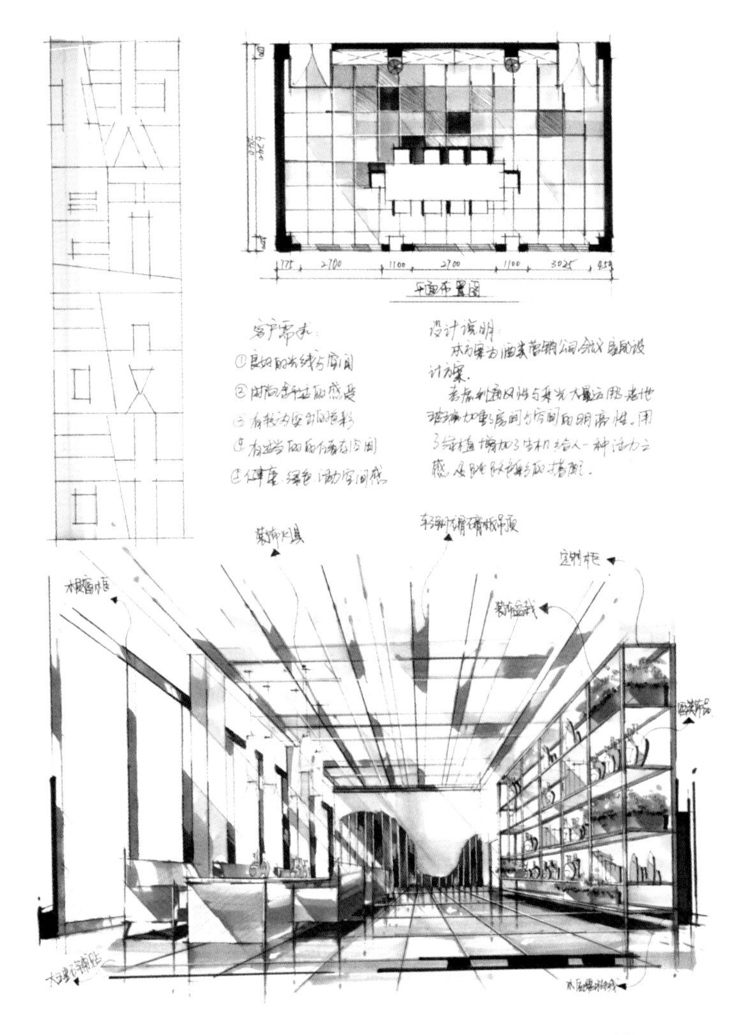

优点：本方案表现技法熟练，整体空间氛围不错，排版整体感强。

缺点：吊顶结构没有交代清楚，整体的空间进深感不强。

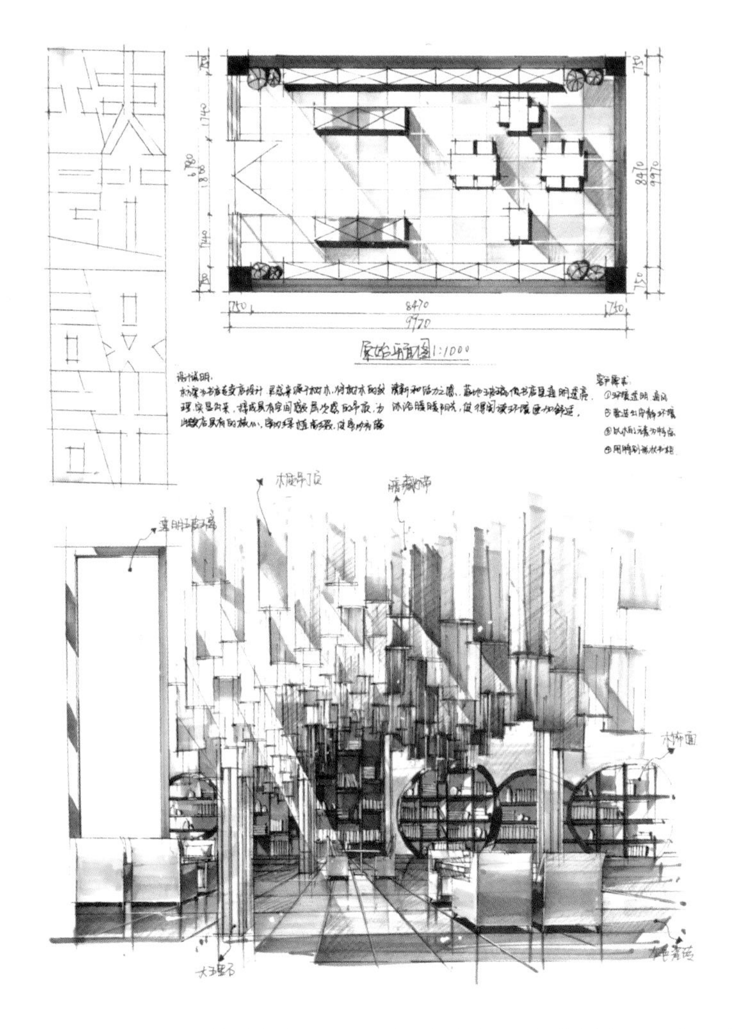

优点：色调和谐统一，有冷暖对比；光阴效果突出，空间进深感表现较到位；吊顶造型富有设计感。

缺点：吊顶中欠缺重色，书架的立体感表现不到位。

图 5-27 作者：苏修颖

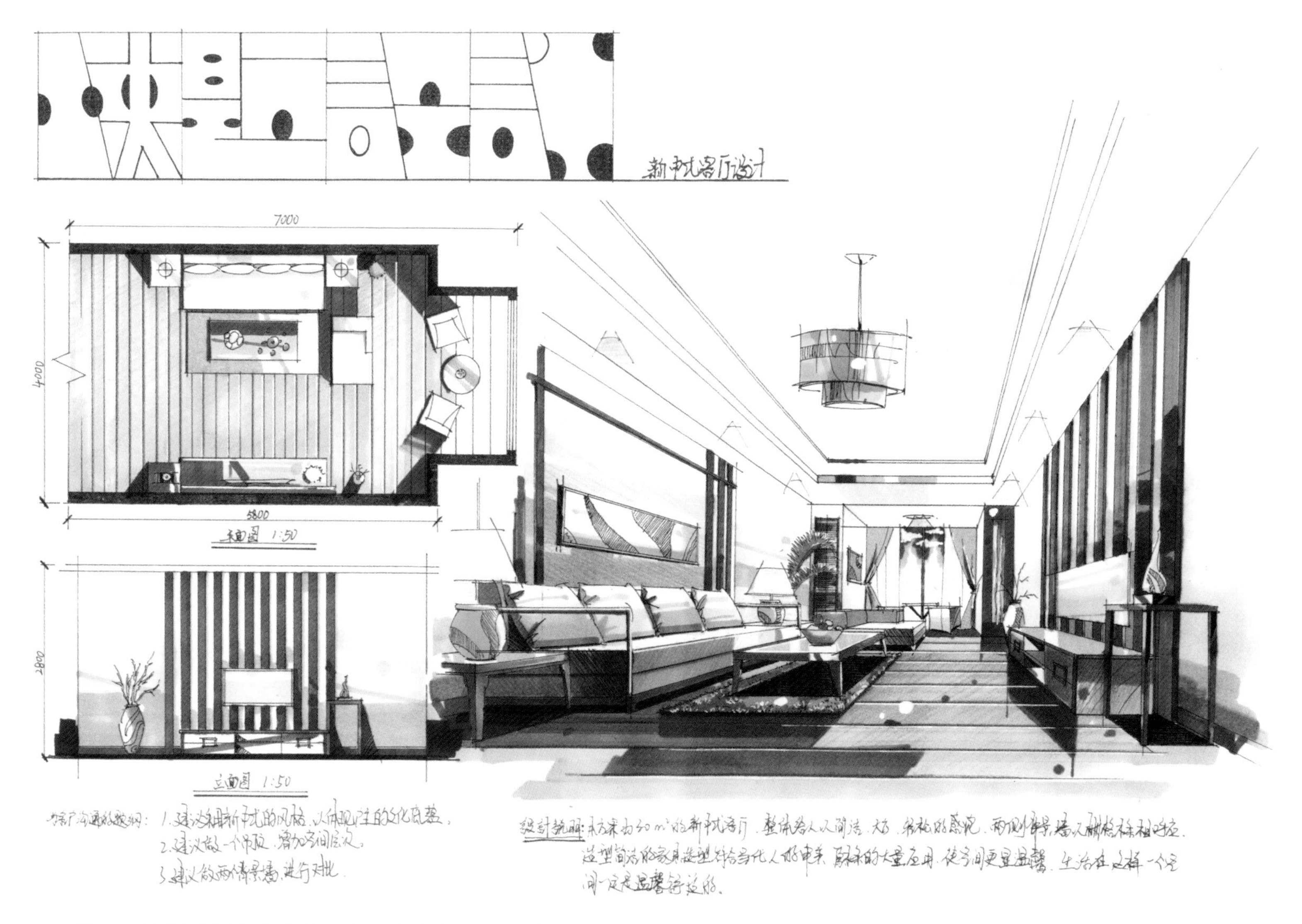

优点：选择透视角度完善，空间表现完整；设计主题突出，界面、家具、陈设等于主题风格协调；画面明暗层次清晰。

缺点：地面材质的反光表现不到位；顶面材质表现不够充分；没有标注材料、工艺。

图5-28　作者：王振宇

优点：色彩、素描关系明确，视觉冲击力强烈；技法运用灵活，笔法成熟；光感表现强烈。

缺点：地板反光表现不准确；床和地毯的材质表现不准确，太过生硬；没有标注材料；吊顶结构表现不准确；没有体现与客户沟通的提纲。

图5-29　作者：王振宇

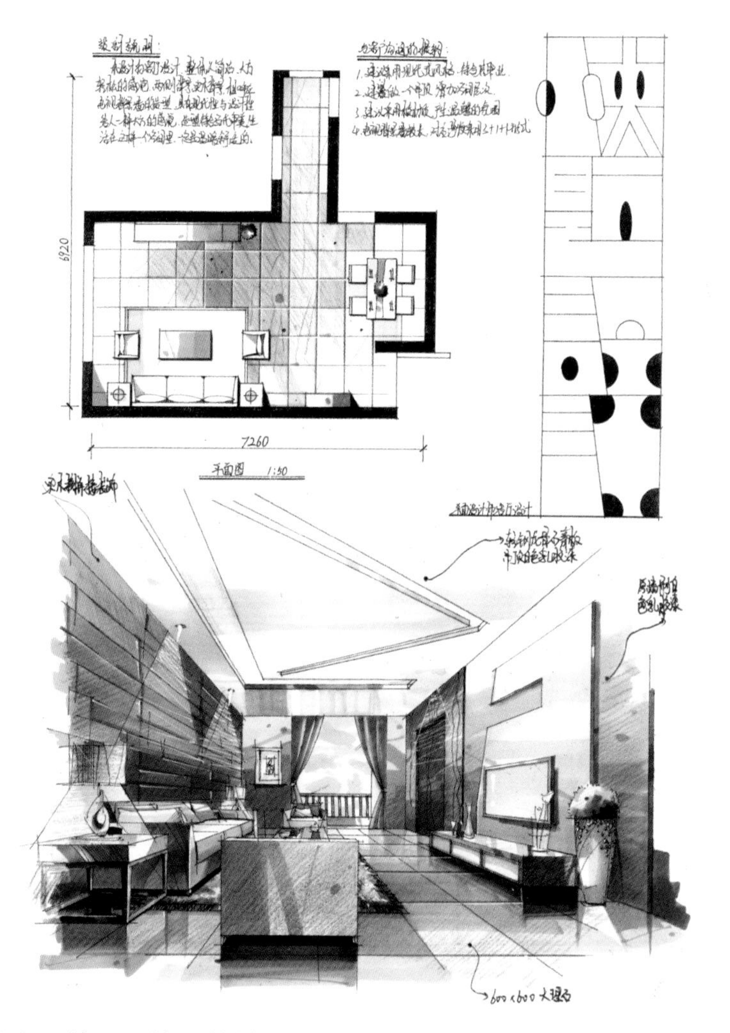

优点：地面、墙面的材质表现很充分；笔法运用灵活；明暗层次清晰。

缺点：平面图物体的阴影可以加强一点；可适当多给一点环境色。

优点：画面空间层次感强；各界面形体的透视关系准确。

缺点：顶面表现不够充分；没有标注材料和工艺；画面边缘过渡的植物没有处理到位。

图5-30　作者：王振宇

优点：设计主题突出、透视角度选择考究、视觉效果好，色彩关系丰富。

缺点：画面左半部分略微偏灰，暗部需要加强；缺少提纲和材质的标注；画面重心偏上，构图略显不足。

图5-31　作者：石倩雯

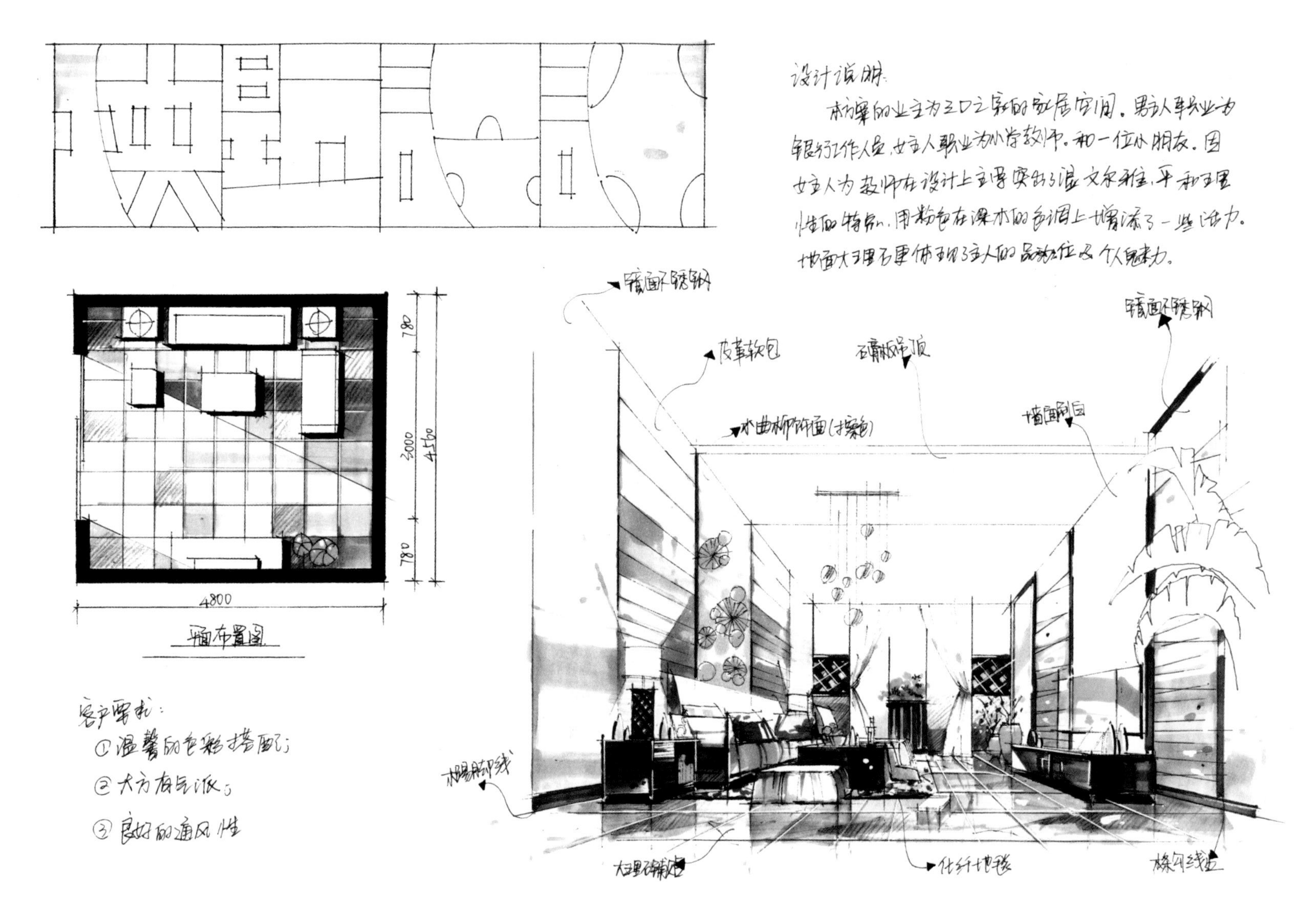

优点：画面视点压得非常低、视觉效果好；形体透视、比例准确。

缺点：不同材质的表达有所欠缺；平面图表现不够充分。

图5-32　作者：苏修颖

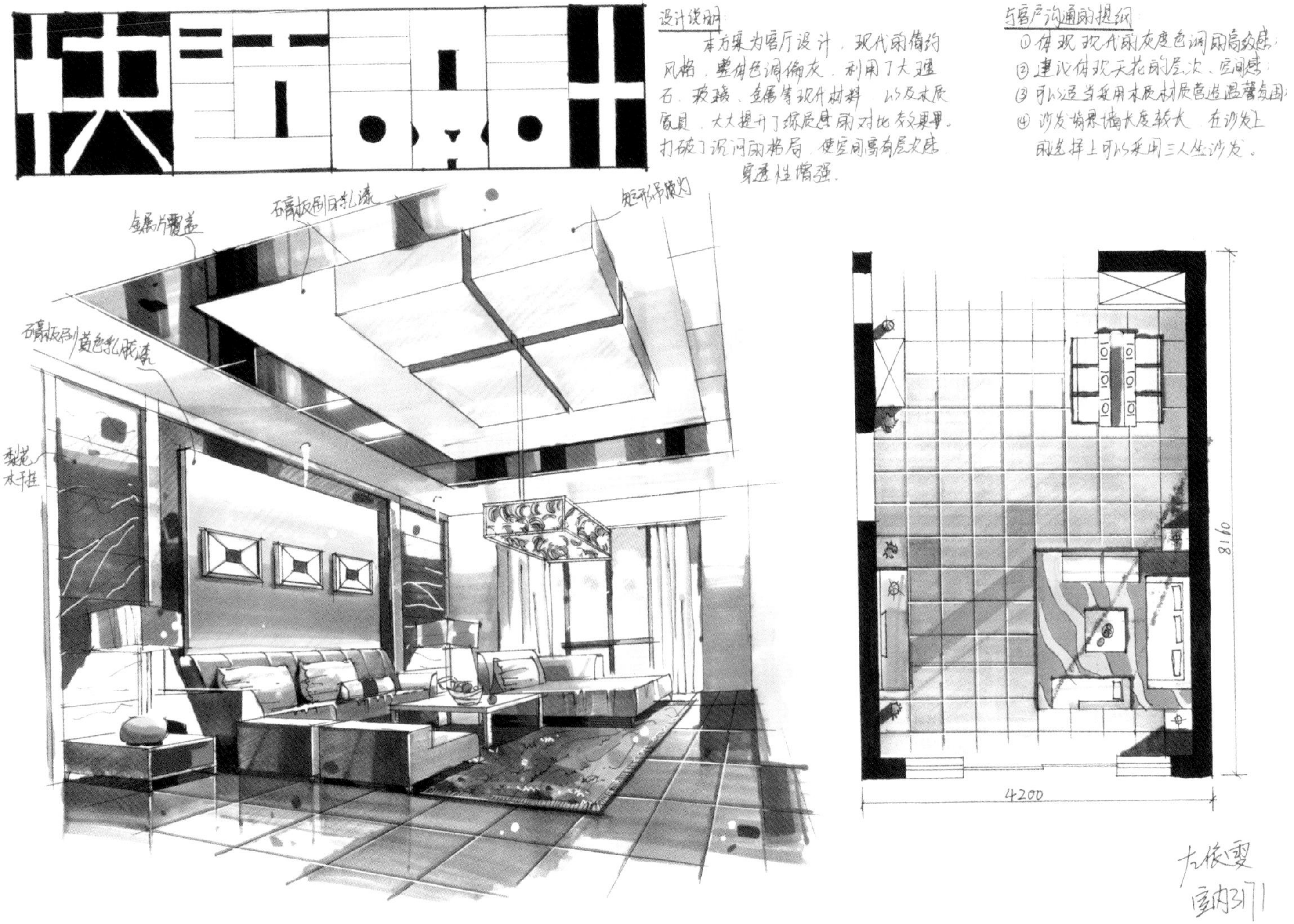

优点：画面整体感强、明暗层次丰富；顶面材质表现生动；地面色彩关系丰富。

缺点：平面图阴影需要强调，家具尺寸画太小；地毯蓬松的感觉表现不够。

图5-33　作者：左依雯

参 考 文 献

[1] 杜建，律吕谱，段亮亮. 室内设计手绘与思维表达［M］. 北京：人民邮电出版社，2018.

[2] 杜建，律吕谱. 30天必会室内手绘快速表现［M］. 武汉：华中科技大学出版社，2016.

[3] 庐山艺术特训营教研组. 室内设计手绘表现［M］. 辽宁：辽宁科学技术出版社，2016.

[4] 李磊. 印象手绘室内设计手绘教程（第2版）［M］. 北京：人民邮电出版社，2016.

[5] 罗周斌. 室内手绘效果图［M］. 长沙：湖南大学出版社，2014.

[6] 连柏慧. 纯粹手绘——快速表现（室内设计篇）［M］. 北京：机械工业出版社，2014.

图书在版编目（CIP）数据

室内设计手绘表现技法/李远林，黄胤程，张峻主编. —合肥：合肥工业大学出版社，2019.1（2023.7重印）
ISBN 978-7-5650-4379-6

Ⅰ. ①室… Ⅱ. ①李…②黄…③张… Ⅲ. ①室内装饰设计—绘画技法 Ⅳ. ①TU204

中国版本图书馆CIP数据核字（2018）第303012号

室内设计手绘表现技法

李远林 黄胤程 张 峻 主编 责任编辑 袁 媛

出 版	合肥工业大学出版社	版 次	2019年1月第1版
地 址	合肥市屯溪路193号	印 次	2023年7月第3次印刷
邮 编	230009	开 本	889毫米×1194毫米 1/16
电 话	基础与职业教育出版中心：0551-62903120	印 张	13.25
	营销与储运管理中心：0551-62903198	字 数	180千字
网 址	www.hfutpress.com.cn	印 刷	安徽联众印刷有限公司
E-mail	hfutpress@163.com	发 行	全国新华书店

ISBN 978-7-5650-4379-6 定价：58.00元

如果有影响阅读的印装质量问题，请与出版社营销与储运管理中心联系调换。